测绘与地理信息系统技术

范维锋　沈孝永　曹思林◎主编

四川科学技术出版社

图书在版编目（CIP）数据

测绘与地理信息系统技术 / 范维锋，沈孝永，曹思林主编 . -- 成都：四川科学技术出版社，2024. 6.

ISBN 978-7-5727-1407-8

Ⅰ. P208.2

中国国家版本馆 CIP 数据核字第 202494FS57 号

测绘与地理信息系统技术

CEHUI YU DILI XINXI XITONG JISHU

主　　编　范维锋　沈孝永　曹思林

出 品 人　程佳月
责任编辑　魏晓涵
助理编辑　叶凯云
选题策划　鄢孟君
封面设计　星辰创意
责任出版　欧晓春
出版发行　四川科学技术出版社
　　　　　成都市锦江区三色路 238 号 邮政编码 610023
　　　　　官方微博 http://weibo.com/sckjcbs
　　　　　官方微信公众号 sckjcbs
　　　　　传真 028-86361756
成品尺寸　170 mm × 240 mm
印　　张　9
字　　数　180 千
印　　刷　三河市嵩川印刷有限公司
版　　次　2024 年 6 月第 1 版
印　　次　2024 年 8 月第 1 次印刷
定　　价　65.00 元

ISBN 978-7-5727-1407-8

邮　　购：成都市锦江区三色路 238 号新华之星 A 座 25 层　邮政编码：610023
电　　话：028-86361770

前 言

当前，测绘和地理信息系统的发展正面临一系列转折性、阶段性的变化。从国际上看，现代测绘技术发展迅速，网络、信息以及遥感等技术不仅能够让人们多层次、立体地观测地球，高效地获取多样化的地理信息，而且能够促使地理信息服务逐步网络化、实时化，逐步走向按需定制的模式。普通人能够实时上传、下载地理信息的“全民测绘”时代已经来临。从国内来看，人们更加重视国土空间综合评价、管理和产业空间布局，进一步强化对土地、矿产等自然资源，以及气候、水源等生态环境要素的监测、评价及有效利用；针对自然灾害多、危害大等特点，利用测绘和地理信息系统技术建立应急体系，监测、评估自然灾害。

地理信息系统是应用计算机软硬件系统，对空间和非空间数据进行采集、存储、管理、分析和显示的综合系统，是近年来新兴的以计算机科学、地理学、测绘学、遥感科学和数学等多门学科为基础的综合学科，广泛应用于水利、交通、农业、环境、物流和电力等行业。

地理信息系统以服务大局、服务民生、服务社会为宗旨，坚持走测绘信息化发展道路，统一监管，突出基础测绘和地理空间框架建设，着力发展测绘公共服务和地理信息产业，全面提升测绘对经济社会发展的保障能力和服务水平。

本书从测绘与地理信息系统概述出发，介绍了测绘与地理信息标准化以及新型基础测绘，并对测绘与地理信息系统技术的应用进行了详细论述。希望本书的出版能为测绘与地理信息系统技术的研究人员和工作人员带来一定的帮助。

目　录

第一章　绪论

第一节　地理信息系统的科学基础

在人类认识自然、改造自然的过程中，人与自然的协调发展是人类社会可持续发展的基本条件。目前，人口爆炸、资源短缺、环境恶化和灾害频发是人类社会可持续发展所面临的四大问题。人类活动产生的这些变化和问题，日益成为人们关注的焦点。地球科学的研究为人类监测全球变化和区域可持续发展提供了科学依据和手段。地球系统科学、地球信息科学、地理信息科学、地球空间信息科学是地球科学体系中的重要组成部分，它们是地理信息系统发展的科学基础。地理信息系统是这些学科的交叉学科，在吸收各类学科研究内容的同时，也促进了这些学科的发展。

一、地球系统科学

地球系统科学是研究地球系统的科学。地球系统由大气圈、水圈、岩石圈和生物圈（包括人类自身）四大圈层组成。

地球系统包括了自地心到地球外层空间的十分广阔的范围，是一个复杂的非线性系统。地球系统各组成部分之间存在着各种相互作用，如物理、化学和生物三大基本过程之间的相互作用，以及人与地球系统之间的相互作用。地球系统科学作为一门新的综合性学科，将构成地球的四大圈层作为一个相互作用的系统，研究其构成、运动、变化、过程、规律等，并与人类活动结合起来，借此了解现在和过去，并预测未来。地球科学的产生和发展是人类为解决所面临的全球性变化和可持续发展的问题，也是科学技术向深度和广度发展的必然结果。

人类当前面临的环境问题，如气候变暖、臭氧洞的形成和扩大、荒漠化、水资源短缺、植被破坏和物种大量灭绝等，已不再是局部或区域性问题。就学科内容而言，地球系统科学已远远超出了单一学科的范畴，既涉及大气、海洋、土壤、生物等各类环境因子，又与物理、化学和生物过程密切相关；因此，只有从地球系统的整体着手，才有可能弄清这些问题产生的原因，并找到解决这些问题的办法。从科学技术的发展来看，对地观测技术的发展，特别是由全球定位系统（GPS）、遥感（RS）、地理信息系统（GIS）组成的对地观测与分析系统，提供了对整个地球进行长期、立体的监测能力，为收集、处理和分析地球系统变化的海量数据，建立复杂的地球系统虚拟模型或数字模型提供了科学工具。

由于地球系统科学面对的是综合性问题，应该采用多种科学思维方法，即现代科学思维方法，包括系统方法、分析与综合方法、模型方法。

（一）系统方法

系统方法是地球系统科学的主要科学思维方法。这是因为地球系统科学本身就是将地球作为整体系统来研究的。这一方法体现了在系统观点指导下的系统分析和在系统分析基础上的系统综合的科学认识的过程。

（二）分析与综合方法

分析与综合方法是从地球系统科学的概念和所要解决的问题来看的，是地球系统科学的科学思维方法。包括从分析到综合的思维方法和从综合到分析的思维方法，实质上是系统方法的扩展和具体化。

（三）模型方法

模型方法是针对地球系统科学所要解决的问题及其特点，建立正确的数学模型或地球的虚拟模型、数字模型，是地球系统科学的主要科学思维方法之一。运用模型方法对研究地球系统的构成、过程推演、变化预测等至关重要。

关于地球系统科学的研究内容，目前得到国际公认的主要包括气象和水系、生物化学过程、生态系统、地球系统的历史、人类活动、太阳影响等。

综上所述，地球系统科学是研究组成地球系统的各个圈层之间的相互关系、相互作用机制、地球系统变化规律和控制变化的机理，从而为预测全球环境变化、解决人类面临的问题建立科学基础，并为地球系统科学管理提供依据。

二、地球信息科学

地球信息科学是地球系统科学的组成部分，是研究地球表层信息流的科学，或研究地球表层资源与环境、经济与社会的综合信息流的科学。就地球信息科学的技术特征而言，它是记录、测量、处理、分析和表达地球参考数据或地球空间数据学科领域的科学。

"信息流"这一概念由陈述彭院士在1992年提出，意在针对地图学在信息时代面临的挑战。他认为地图学的第一难关是解决地图信息源的问题。在16世纪以前，人类主要是通过组织庞大的队伍、艰苦的探险和采用当时最先进的技术装备来解决这个问题；16世纪至19世纪，地图信息源主要来自大地测量及建立在三角测量基础上的地形测图；20世纪前半叶，地图信息源主要来自航空摄影和多学科综合考察；20世纪后半叶，地图信息源主要来自卫星遥感、航空遥感和全球定位系统（GPS）。目前，地图信息源主要来自卫星群、高空航空遥感、低空航空遥感、地面遥感平台，并由多光谱、高光谱、微波以及激光扫描系统、定位定向系统（POS）、数字成像成图系统等共同组成的星、机、地一体化立体对地观测系统；可基于多平台、多谱段、全天候、多分辨率、多时段对全球进行观测和监测，极大地提高了信息获取的手段和能力。无论信息源是什么，其信息流程都表示为"信息获取→存储检索→分析加工→最终视觉产品"。在信息化时代，信息更加动态，因此信息流程已表现为"信息获取→存储检索→分析加工→最终视觉产品→信息服务"这一完整过程。

地球信息科学属于交叉学科和综合学科。它的基础理论是地球科学理论、信息科学理论、系统理论和非线性科学理论的综合，是以信息流作为研究的主题，即研究地球表层的资源、环境和社会经济等一切现象的信息流过程，或以信息作为纽带的物质流、能量流，包括人才流、物流、资金流等过程。这些都被认为是由信息流所引起的。

地球信息科学的主要技术手段包括遥感（RS）、地理信息系统（GIS）和全球定位系统（GPS），即所谓的3S技术。地球信息科学的研究手段就是由RS、GIS和GPS构成的立体的对地观测系统。其运作特点是：①在空间上是整体的，而不是局部的；②在时间上是长期的，而不是短暂的；③在时序上是连续的，而不是间断的；④在时相上是同步的、协调的，而不是异相的；⑤在技术上不是孤立的，而是由RS、GIS和GPS三种技术集成的。

在对地观测系统中，遥感技术为地球空间信息的快速获取和更新提供了先进的手段，并通过遥感图像处理软件、数字摄影测量软件等提供影像的解译信息和地学编码信息。地理信息系统则对这些信息加以存储、处理、分析和应用，而全球定位系统则在瞬间提供对应的三维定位信息。

三、地理信息科学

地理信息科学是信息时代的地理学，是地理学信息革命和范式演变的结果。它是关于地理信息的本质特征与运动规律的一门科学，研究的对象是地理信息。

地理信息科学的提出和理论创建主要来自两个方面：一是技术与应用的驱动，这是一条从实践到认识、从感性到理论的思想路线；二是科学融合与地理综合的逻辑扩展，这是一条理论演绎的思想路线。在地理信息科学的发展过程中，两者相互交织、相互促动，共同推进地理学思想发展、范式演变和地理科学的发展。地理信息科学本质上是在两者的推动下进行地理学思想演变的结果，是新的技术平台、观察视点和认识模式下进行的地理学的新范式，是信息时代的地理学。人类认识地球表层系统，经历了从经典地理学、计量地理学到地理信息科学的漫长历史时期。不同的历史阶段，人们以不同的技术平台，从不同的科学视角出发，得到关于地球表层不同的认知模型。

地理信息科学主要研究如何应用计算机技术对地理信息进行处理、存储、提取、处理和分析，并提出一系列基本理论和技术问题，如数据的获取和集成、分布式计算、地理信息的认知和表达、空间分析、地理信息基础设施建设、地理数据的不确定性及其对地理信息系统操作的影响、地理信息系统的社会实践等，然后在理论、技术和应用三个层次，构成地理信息科学的内容体系。

四、地球空间信息科学

地球空间信息科学是以全球定位系统（GPS）、地理信息系统（GIS）、遥感（RS）为主要内容，并以计算机和通信技术为主要技术支撑，用于采集、测量、分析、存储、处理、显示、传播和应用与地球和空间分布有关数据的一门综合和集成的信息科学和技术。地球空间信息科学是地球科学的一个前沿领域，是地球信息科学的一个重要组成部分，是以 3S 技术为代表，包括通信技术、计算机技术的一门新兴学科。其理论、技术和应用还处于初步发展阶段，完整的地球空间信息科学理论体系有待建立，一系列基于 3S 技术及其集成的地球空间信息采集、存储、处理、应用、传播的技术方法有待发展。

地球空间信息科学作为一门新兴的交叉学科，人们对其的认识各不相同，因此出现了许多相互类似，但又不完全一致的科学名词，如地球信息机理、图像测量学、图像信息学、地理信息科学、地球信息科学等。这些新的科学名词的出现，无一不与现代信息技术，如遥感、数字通信、互联网络、地理信息系统的发展密切相关。

地球空间信息科学与地理空间信息科学在学科定义和内涵上存在重叠，甚至有人认为这二者是对同一个学科内容从不同研究角度给出的科学名词。从测绘的角度理解，地球空间信息科学是地球科学与测绘科学、信息科学的交叉学科；从地理科学的角度理解，地理空间信息科学是地理科学与信息科学的交叉学科。应该注意的是，地球空间信息科学的概念要比地理空间信息科学更广，它不仅包含了现代测绘科学的全部内容，还包含了地理空间信息科学的主要内容，而且体现了多学科、多技术和应用领域知识的交叉与渗透，如测绘学、地图学、地理学、管理科学、系统科学、图形图像学、互联网技术、通信技术、数据库技术、计算机技术、虚拟现实与仿真技术，以及规划、土地、资源、环境、军事等领域。地理空间信息科学研究的重点与地球信息科学接近，但它更侧重于技术、技术集成与应用，更强调“空间”的概念。

第二节　地理信息系统的技术基础

地理信息系统（GIS）是一项多种技术集成的技术系统。GIS 技术体系的主要技术构成包括数据采集技术、计算机网络技术、现代通信技术、软件工程技术、虚拟现实与仿真技术、信息安全技术、网络空间信息传输技术等。

一、地理空间数据采集技术

地理空间信息的采集与更新是 GIS 的关键，也是瓶颈。以遥感、全球定位系统、三维激光扫描技术、数字测图技术等构成的空间数据采集技术体系构成了 GIS 数据采集与更新技术体系的主要内容。

星、机、地一体化的遥感立体观测和应用体系集成了高分辨率、多时相遥感影像的快速获取和处理技术，这里的“高分辨率”可理解为高空间分辨率和高辐射分辨率（即高光谱分辨率）、GPS 技术、三维激光扫描技术等多项技术。它们构成了不同的采集平台和数据处理系统。

（一）卫星遥感

在卫星遥感平台方面，可以通过建立静止气象卫星数据地面接收系统（如 GMS）、极轨气象卫星数据地面接收系统（如 NOAA 系列、FY–1）等低分辨率、中分辨率卫星数据地面接收系统等接收宏观遥感信息。

通过高分辨率卫星数据订购系统，购买 LANDSAT 影像数据、TM/ETM 数据、SPOT HRV/HRVIR 数据、IKONOS 数据、Quick Bird 数据等。

（二）航空遥感和低空遥感

通过航空平台，如机载光学航空相机系统、机载雷达系统、机载数字传感器系统获取重点地区的高空间分辨率的航空影像（0.01 ~ 1 m）和合成孔径雷达（SAR）影像以及数字高程模型（DEM），实现无地面控制点或少量地面控制点的遥感对地定位和信息获取。

机载雷达系统由 GPS、机载合成孔径视雷达传感器、实时成像器组成，提供雷达影像服务。

机载数字传感器系统包括机载激光扫描地形测图系统和机载激光遥感影像制图系统。

机载激光扫描地形测图系统主要包括：①动态差分 GPS 接收机，用于确定扫描装置投影中心的空间位置；②姿态测量装置，一般采用惯性导航系统或多天线 GPS，用于测定扫描装置主光轴的姿态参数；③ GPS/INS 中的复合姿态测量；④三维激光扫描仪，用于测定传感器到地面的距离；⑤一套成像装置，用于记录地面实况，实现对生成的 DEM 产品质量进行评价的目的。

机载激光遥感影像制图系统具有与机载激光扫描地形测图系统一致的动态差分 GPS 接收机和姿态测量装置，其与前者的最大区别是：机载激光遥感影像制图系统中的激光扫描仪与多光谱扫描成像仪共用一套光学系统，通过硬件实现 DEM 和遥感影像的精确匹配（包括时间和空间），可直接生成地学编码影像（正射遥感影像）。

作为 GIS 数据采集技术的最新成果，激光雷达技术（LiDAR）的成就最令人瞩目。这种集三维激光扫描、全球定位系统（GPS）和惯性导航系统（INS）三种技术于一体的空间测量系统，其应用已超出传统测量、遥感及近景所覆盖的范围，成为一种独特的数据获取方式。

LiDAR 系统由 GPS 提供系统的定位数据，由 INS 提供姿态定向数据，由激光发射器、激光接收器、时间计数器和微型计算机构成可接收地面多次激光反射回波的数字激光传感器系统。LiDAR 系统具有以下的特点：①高密度，充分获取目标表面特征，能够提供密集的点阵（或点云）数据（点间距可以小于 1 m）；②能够穿透植被的叶冠；③实时、动态系统，主动发射测量信号，不需要外部光源；④不需要或很少需要进入测量现场；⑤可同时测量地面层和非地面层；⑥数据的绝对精度在 0.30 m 以内；⑦ 24 h 全天候工作；⑧具有迅速获取数据的能力。

地面车载遥感数据采集系统是以数字 CCD 相机、GPS、INS 和 GIS 为基础的移动式地面遥感数据采集系统，用于采集地面微观的特定信息，如采集城市部件信息和三维街景数据等。

低空遥感是由低空系统完成的，主要包括飞行平台、成像系统和数据处理软件三个部分。低空飞行平台主要有固定翼无人机、旋转翼无人机、长航时无人机、无人飞艇和低空有人驾驶飞机等。

（三）数字测图技术

数字测图技术是常规的现代地形图测绘技术。数字测图系统主要由全站仪、三维激光扫描仪或其他联机测角仪器和数字测图记录、处理软件组成，提供地形的地面实测信息。

利用地面三维激光扫描仪获取局部地形信息，可与 CCD 相机、GPS 等构成地面立体测图系统，可快速获取道路沿线的地形景观信息、城市街道立面图等，为数字城市建设服务。获取的地形信息还可用于滑坡监测等。

（四）GPS 技术采集 GIS 数据

GPS 技术除与其他技术结合，起到空间定位、组成采集、监测系统外，本身也是一种快速的数据采集系统。导航星全球定位系统由空间系统、控制系统和用户系统三个部分组成。

导航星全球定位系统的卫星分别在 6 个不同的轨道运行。每颗卫星发射一个唯一的编码信号（PRN），并被调制为 L1 和 L2 两个载波信号。控制系统受美国国防部的监督，提供标准定位服务（SPS）和精密定位服务（PPS）。用户系统由所使用的 GPS 地面接收机及观测计算系统组成。目前 GPS 接收机的类型分为基于码的和基于载波相位的两种类型。基于码的 GPS 接收机利用光速和信号从卫星到接收机的时间间隔，来计算两者之间的距离（可提供亚米级精度）。

虽然比基于载波相位的接收机精度低，但成本低廉、易于携带，因而被广泛使用。基于载波相位的接收机是通过确定载波信号的整波长和半波长的数目，来计算卫星与接收机的距离。这种双频接收机广泛用于控制测量和精密测绘，可提供亚厘米级的差分精度。1991 年，美国对 GPS 技术实施可用性选择政策（SA），对 GPS 的信号加入了干扰信号，使直接获取这些信号的定位精度大大降低。差分全球定位系统（DGPS）可以有限消除 SA 政策的影响。DGPS 需要将测量用的差分全球定位系统接收机放在一个经度、纬度和高度已知的基站上，且基站上天线的位置必须精确，另外，基站 GPS 接收机应该具有存储测量数据或通过广播发送修正值的功能。

GPS 采集 GIS 数据可迅速获取一些关键点、线、变化区域的边界数据。用户只需持 GPS 接收机沿地面移动，就可快速获取所过之处的地理坐标。

二、计算机网络技术

计算机网络技术是 GIS 网络化的基础。现代网络技术的发展为构建企业内部网 GIS、因特网 GIS、移动 GIS 和无线 GIS 提供了多种网络互联方式。

企业内部网执行的是基于 TCP/IP 协议的现代局域网建网技术和标准。用于支持一个企业或机构内的网络互联需求。它们在一定范围内，可构成因特网的园区网。考虑到网络数据安全问题，数据共享和系统服务的需求，以及目前的建设现状，在 GIS 网络工程的设计中，一般将现有的单网改造成内外隔离的双网（即单布线结构的双网分离）。但在这种结构中，必须将安全隔离集线器与安装了安全隔离卡的安全计算机配合使用。

在上述计算机网络结构，主干网络一般采用千兆以太网，主干布线到各楼层。楼层中各子网可根据需要和任务特性按照星型结构或总线型结构搭建。

三、现代通信技术

通信技术是传递信息的技术。通信系统是传递信息所需的一切技术、设备的总称，泛指通过传输系统和交换系统将大量用户终端（如电话、传真、电传、电视机、计算机等）连接起来的数据传递网络。通信系统是建立网络 GIS 必不可少的信息基础设施，宽带高速的通信网络俗称“信息高速公路”。

在地理信息系统的建设工程中，通信网络分为专用网络和公用网络。专用网络由企业或机构建设，并服务于专门目的的信息通信；公用网络一般由国家或地区建立，提供公共的数据传输服务。通信技术经历了模拟通信到数字通信，从早年架空明线的摇把电话，到电缆纵横交换网、光纤程控交换网、卫星通信网、微波通信网、蜂窝移动电话网、数据分组交换网，直至综合业务网，为网络 GIS 的数据通信方式提供了多种选择。

（一）光纤通信

光纤通信以提供宽带高速通信为主要技术特点。光纤通信在 20 世纪 80 年代中期进入实用化，至 90 年代初期，每两根光纤可开通 2.5 Gbps 接口，约 3 万话路。20 世纪 90 年代后期，光纤通信的波分复用系统（WDM）进入实用化，两根光纤可开通 32、64 甚至 100 多个通道，每个通道均可开通 2.5 Gbps 接口或 10 Gbps 接口，每两根光纤可开通一个 32 × 10 Gbps 接口，甚至 64 × 10 Gbps 接口，并于 2000 年进入商业化。在实验室，通信最高容量已经达到了 82 × 40 Gbps，共 3.28 Tbps，传输距离可达 300 km。如果有了密集波分复用系统（DWDM）和光纤放大器，一根光纤的最大传输容量可跃升至 1 Tbps，传输距离可以延伸约 1 000 km。

（二）卫星通信

卫星通信的特点是覆盖面积大（一颗卫星可覆盖全球 1/3 以上面积），其广播功能更是其他方式不可比拟的。卫星通信的特点有：①在甚小口径卫星终端站（VSAT）中应用高速因特网；②卫星通信不受地理自然环境的限制，对任何用户而言，用于接收因特网的信息费用是相同的；③应用 VSAT 传输因特网信息，每个用户都通过卫星建立直达路由，避免地面线路的多次转接，因而信息传输质量好，为因特网开辟了一条高速空中下载通道；④ IP 多点广播。应该注意的是，虽然通信需求是多点到多点的，但今天大多数仍在使用低效的点对点的 TCP/IP 协议。当许多人都有大量信息传输要求时，这将成为一个传输瓶颈。IP 多点广播是解决问题的良好方案。基于卫星的数据传输系统具有一种天然的广播功能，这使得针对大量用户的宽带 IP 多点广播成为可能。

地理信息系统的通信网络与公网不同，它是按照空间信息采集和传输的要求建立的。空间信息采集的站点，有时还可能分布在人口稀疏、远离城市、环境条件恶劣、传输困难、公网覆盖不到的地方。若用有线接入，可能并不现实，一般而言，无线接入系统是最合适的。

（三）数字微波通信

数字微波通信又称数字微波中继通信，是一种在数字通信和微波通信基础上发展的先进通信技术。它是利用微波作为载体，用中继方式传递数字信息的一种通信系统。其特点如下：①由于微波射频带宽很宽，一个微波通道能够同时传输数百乃至数千路数字电话；②可与数字程控交换机等设备直接接口，不需要模 / 数（A/D）转换设备，即可组成传输与交换一体化的综合业务数字网（ISDN），有利于各种数字业务的传输；③数字微波传输信息可进行再生中继方式，可避免模拟微波中继系统中的噪声积累，抗干扰性强；④与光纤、卫星通信系统相比，具有投资省、见效快、机动性好、抗自然灾害性强等优点。一般来讲，对于一个大型网络，需要利用多种通信方式建立 GIS 的通信网络，例如数字流域通信网络。

四、软件工程技术

软件工程是一门指导计算机软件开发和维护的工程学科。采用工程的概念、原理、技术和方法来开发和维护软件，把经过时间考验，证明正确的管理技术和当前最好的开发技术结合起来，就是软件工程。把软件工程的概念、原理、技术和方法与 GIS 软件设计开发和维护的工程活动结合起来，便产生了 GIS 软件工程。与一般意义上的软件工程不同，GIS 软件工程既是一项软件工程，又具有关乎数据组织与管理的信息工程双重工程活动交互的复杂特点。数据组织、管理方式与软件设计开发密切相关。

（一）软件开发的基本模型

软件开发的基本模型包括瀑布模型、演化模型、螺旋模型、喷泉模型和组件对象模型等。

1. 瀑布模型

瀑布模型的原理基于生命周期方法。瀑布模型将软件的开发周期分为问题定义、可行性研究、需求分析、总体设计、详细设计、编码与单元测试、综合测试和软件维护八个阶段。软件开发过程的各阶段自上向下，从抽象到具体，总是从高处流向低处，软件开发过程如同飞流直下的瀑布。瀑布模型具有三个特点：①阶段间具有顺序性和依赖性。只有前一阶段工作完成，才能开始下一阶段工作，下一阶段的工作依赖前一阶段工作的正确性。错误发生的阶段越早，对后期造成修改错误的代价越高。②推迟实现的特点。强调需求分析、设计等是软件实现的必要前期工作，推迟了代码设计的时间起点。③质量保证的特点。强调了各阶段成果表示及文档的重要性，强调了阶段审查和测试的必要性。

2. 演化模型

演化模型主要针对事先不能完整定义需求的软件开发，用户可以先给出核心需求，当开发人员将需求实现后，用户提出反馈意见，以支持系统的最终设计和实现。

3. 螺旋模型

螺旋模型是在瀑布模型和演化模型基础上加入风险分析所建立的模型。在螺旋模型的每一次演化过程中，都经历以下四个方面的活动：制订计划、风险分析、实施工程、客户评估。

螺旋模型的每一次演化都会开发出更为完善的软件版本，形成了螺旋模型的一圈。螺旋模型借助原型获取用户需求，进行软件开发的风险分析。

4. 喷泉模型

喷泉模型体现了软件开发过程所固有的迭代和无间隙的特征。喷泉模型表明了软件开发活动需要多次重复。

5. 组件对象模型

组件对象模型（COM）是基于程序部件设计开发和部件集成的软件开发模型。组件是进行了数据和操作封装的程序模块，而前述的模型均是基于数据和操作分离的程序设计思想。组件对象模型是实现组件之间通信的组件接口规范标准。分布环境下的组件对象模型称为DCOM，它的特点是：①根据组件及其组件对象模型开发软件，就像搭积木，不同组件实现不同软件功能；②组件强调程序模块的强内聚、弱关联；③组件的重用度高；④将大型复杂的程序开发化整为零。目前两个应用没有统一标准，最广泛的标准是微软的COM/ActiveX或DCOM/ActiveX标准，是基于OLE和ActiveX的，用VC、VB等面向对象语言实现；OMG公司的CORBA/Java标准、SUN公司的Java Bean，是基于Java语言实现的。

（二）软件的开发方法

软件的开发方法包括生命周期方法、快速原型方法、面向对象方法和组件对象方法等。

1. 生命周期方法

生命周期方法是使用结构化分析、结构化设计和结构化编程的开发方法。该方法在提高软件开发效率方面作用显著，但也存在一些问题，主要是：①生产效率仍然不是很高，增长幅度低于软件需求增长；②软件重用程度很低；③结构化分析－结构化设计－结构化程序设计（SA-SD-SP）技术没有很好地解决软件复用问题；④软件仍然很难维护。

产生这些问题的主要原因如下。

一是瀑布模型僵化。瀑布模型强调生命周期的阶段顺序性和依赖性，并要求在软件开发和维护过程中，最好“冻结”用户需求。这对系统需求比较稳定，且能够预先指定的系统是合适的，如计算机控制系统、图像处理系统、火箭发射系统、空中管制系统等。但对另一类系统就非常不合适，这类系统需求是模糊的，或随时间变化的，属应用驱动的系统，如应用型 GIS 系统、办公自动化系统、决策支持系统等，占软件系统的绝大多数。而对于需求变化的系统来讲，存在以下问题：①系统需求模糊；②软件需求分析阶段只能获取部分准确的需求；③项目参与者之间沟通困难；④不同专业人员协同程度难以提高；⑤存在领域专家与计算机软件专家的知识鸿沟；⑥预先定义的需求在项目实施的过程中可能发生变化。

二是结构化技术自身的缺点。结构化技术的本质是功能分解，从总目标开始自顶向下，一层一层分解下去，直到子系统容易处理为止。它围绕实现处理功能的“过程”（即功能程序块）来构造系统，但存在以下问题：①定义的“过程”之间的联系是特定的，在构造系统时，过程的调用和装配是预先定义好的，不可随意使用；②公共的“过程”很少，不像面向对象的方法可以用搭积木的方式构件系统；③用户的需求变化是针对功能的，这对于面向“过程”的分析设计来讲是灾难性的，当用户需求变化较大时，系统整体结构会因“过程”修改过多而产生不稳定，甚至崩溃；④结构化技术都清楚定义了目标系统的边界，系统依赖这种边界（界面）与外界通信，系统很难扩展；⑤结构化技术分解系统目标时带有一定的任意性，不同人员开发的系统结构存在差别，使得软件的复用性很低。

2. 快速原型方法

快速原型方法是用交互的、快速建立起来的原型取得形式的、僵化的（不可更改的）大部头的规格说明，让用户通过试用原型系统来反馈意见，并修改原型，得到新的原型系统，直到用户满意为止，是一个迭代过程。要成功开发用户驱动的系统，就必须突破瀑布模型僵化的开发模式，进入到一种快速、灵活、交互的软件开发模式。

快速原型方法是目前流行的较为实用的开发模式，适合多种开发方法，特别是面向对象、组件等。

3. 面向对象方法

面向对象方法以面向对象的分析、面向对象的设计、面向对象的程序设计为基础，将客观世界的实体抽象为问题域中的对象。因解决问题的不同，对象的含义也可能不同。对象之间的关系反映了现实世界实体的联系；对对象的定义、处理反映了对实际问题的定义和处理。面向对象的分析方法就是对对象进行定义的过程，面向对象的设计就是对这些对象的关系及其处理操作定义的过程，面向对象的程序设计就是对对象的实现过程。面向对象的方法是面向功能的分析设计方法，其核心是“对象”。在应用领域中，有意义的、与所要解决的问题有关系的任何事物都可作为对象。它可以是实体的抽象，也可以是人为的概念，或者是有明确边界和意义的东西。

面向对象方法认为客观世界无论多么复杂，都是由对象组成的，任何事物或问题都是对象。面向对象的软件系统就是由对象组成。软件的最基本元素是对象，复杂软件是由简单对象组成的。对象有各种类型，分别对应客观世界的不同事物和问题，每类对象都定义了一组数据和方法，完成一种特定的功能，就像积木块一样。数据是对象的状态信息，具有专用性。操作也是对象专有的。对象具有层次关系。低层对象可以继承上层对象的数据和方法，并可屏蔽上层对象的数据和方法。不同类对象彼此之间只有信息传递关系，不具有相互数据操作关系。数据和方法具有封装性，但同类对象中，数据和方法具有私有性和公共性。私有性只对该对象有效，公共性可以继承，但不能直接处理。

4. 组件对象方法

组件对象方法是在面向对象方法的基础上发展起来的一种新型软件开发方法。它对面向对象的方法进行了进一步约束。

组件对象方法具有以下特点: ①增加了组件对象模型标准的约束; ②支持多层系统结构的开发方法，特别是 C/S（Client/Server）体系结构和 B/S（Browser/Server）体系结构；③以更具独立性的组件实现软件重用；④它是当前 GIS 应用系统的主要开发方法; ⑤使用 Visual Studio. NET 和 J2EE 软件实现。

第三节　测绘学的发展趋势和基本体系

一、测绘学的发展趋势

随着传统测绘技术走向数字化和信息化，测量的服务面不断拓宽，与其他学科的互相渗透和交叉不断加强，新技术、新理论的引进和应用更加深入。现代测绘科学总的发展趋势为：①测量数据采集和处理向一体化、实时化、数字化方向发展；②测量仪器和技术向精密、自动化、智能化、信息化方向发展；③测量产品向多样化、网络化、社会化方向发展。

二、测绘学的基本体系

测绘学科在进入电子化和自动化时期后，已较完整地构建了基本学科体系，形成了一整套分类上较科学的学科门类及相应的研究内容。但是自 20 世纪 50 年代以来，随着现代科技和世界经济的快速发展，“经典”的学科内容在进一步深化，同时新的测绘技术和理论也在不断涌现。此外，科技的发展要求测绘学科加强与其他门类相关学科的紧密联系，学科间交叉发展的趋势越来越强烈，使测绘学科在不同发展阶段构成极富时代特色的不同体系及相关内容。

现代的测绘学，根据所研究的内容、采用的技术方法、服务的对象及目的等方面的差异和特点，主要分为大地测量学、摄影测量学与遥感、地图制图学与地理信息工程、工程测量学、海洋测绘学五个主要学科分支。应该说明的是，虽然这五个分支学科各有自己的特点及任务，但是它们之间是紧密相连的，互为依存、互为补充，从而体现了整个测绘学科的全貌及本色。以地理信息系统而言，测绘学是地图制图学与地理信息工程最主要的研究内容，但是摄影测量学与遥感、工程测量、海洋测绘学科等也都在从事属于自己学科范围内的各种专题的地理信息系统或与地理信息系统密切相关的各种技术研究。例如，有关地理信息系统数据库的结构，海量数据的管理，数字成图，地理信息的表达，空间数据的格式，存储、查询、管理，各种专题的地理信息系统的建立，海洋底部地形信息的采集、表达、描述以及数字海图技术等。更广泛一些来讲，不仅测绘学科在研究地理信息系统，在其他学科，如地理学、地质矿产、水利、交通、土木工程、农林、军事工程技术等，也都在从事地理信息系统的研究。再如减灾防灾及安全监测、大地测量、摄影测量与遥感、工程测量、海洋测绘等学科都根据各自的特点，发挥自己的优势，紧密结合各种项目来从事这方面的研究。它们分别采用高精度的控制网、精密水准、GPS 技术，或采用近景数字摄影、低空航摄、高分辨率的卫星图片、减灾防灾地理信息系统，或布置高精度的监控网、GPS 多天线系统、埋设测斜仪、沉降仪、渗压计、应力应变计采集信息，建立变形预报模型，研发监控信息综合分析评价系统等，实现对地表变形的安全监控。

因此，测绘学科发展到现阶段，不仅体现了技术和理论的先进性、内容的广泛性、应用的普遍性，并且反映了学科边缘的交叉性和模糊性的特色。深入本学科特色内容的研究、加强边缘学科的开拓、密切与其他相关学科的结合，是测绘学现阶段发展的方向。

（一）大地测量学

大地测量学是研究和测定地球的形状、大小和重力场，地球的整体与局部运动，地面点的几何位置以及它们的变化理论和技术的学科。在长期以来的学科发展和众多卓越人才开创性的努力工作下，构建了现代大地测量学的体系。主要内容包括几何大地测量学、物理大地测量学、空间大地测量学等。

几何大地测量学主要是研究确定地球形状、大小和确定地面点三维空间位置的理论及技术。因此有关精密角度、距离测量，水准测量，地球椭球体的参数及模型，椭球面上测量成果的计算、平差、投影变换以及大地控制网建立的原理和技术方法等，是几何大地测量学的基本内容。

物理大地测量学研究用物理方法（重力测量）确定地球形状及外部

重力场。它的主要内容是重力测量及其归化、地球及外部重力场模型、大地测量边值问题、重力位、球谐函数、利用重力测量研究地球形状及椭球体参数等。

空间大地测量学是研究以卫星及其他空间探测器实施大地测量的理论和技术。主要内容包括卫星多普勒技术、卫星定位系统（GPS）和格洛纳斯（GLONASS）、“北斗”卫星定位导航系统、卫星定位定轨理论以及应用卫星及空间探测器在全国性大地测量控制网，全球性的地球动态参数求定和重力场模型的精化、地壳形变、板块活动、海空导航、导弹制导等方面的研究。因此，较确切地讲，空间大地测量学的开创，使大地测量学迈入了以可变地球为研究对象，实施全球动态绝对测量的现代大地测量新时期。

（二）摄影测量学与遥感

摄影测量学与遥感是研究利用飞机、卫星等携带的空间传感器获取影像数据和信息，并对这些信息进行记录、量测和分析处理，最终以图形、图像或数字形式表达的科学及技术。摄影测量学科主要包括模拟摄影测量、解析摄影测量、数字摄影测量和影像信息学等内容。现代遥感技术在航天技术及计算机技术迅速发展及支撑下，可以获得地面分辨率高达 1 m 甚至 0.5 m 的丰富影像信息，这些信息都能作为基于数字摄影测量理论学和技术进行处理的对象，使摄影测量学科发展成为现代的摄影测量学与遥感这一新的学科。

模拟摄影测量主要研究以光学摄影机获得的相片，利用光学或机械投影的方法，模拟摄影机的位置和姿态，实现摄影过程的反转，并构成与实际被摄表面成比例的几何模型，通过对几何模型的量测，生成各种专题图及地形图等。其主要内容包括影像拍摄、相片冲晒、模拟测图仪、模拟法相片定向及测图、航道空中三角测量等。

解析摄影测量解决了以数字投影代替模拟投影的方法，使摄影测量利用计算机在相片处理中实现共线方程的实时解算，摒弃了光学、机械的模拟投影过程而提取地面三维信息。主要研究的内容有光束法和独立模型法解析空中三角测量、相片系统误差的补偿、观测值粗差理论，区域网平差、直接线性变换、数字地面模型的研究等。

数字摄影测量是利用空间传感器获得的数字影像或扫描仪取得的数字化影像，经计算机处理，提取目标的几何与物理信息的摄影测量学科。它的特点是利用数字影像作为信息源，运用数字处理技术，产生数字化产品，处理过程实现了自动解析和判读、影像目标自动分类和定性描述，体现了计算机视觉性能。主要研究的内容有遥感平台与传感器、构像方程及解算、影像的自动定向、图形的识别、影像特征的自动提取、立体影像匹配、数字地面模型、影像的数字纠正与融合等。

（三）地图制图学与地理信息工程

地图制图学与地理信息工程是研究用地图图形技术，科学地、抽象地概括反映自然界和人类社会各种信息的空间分布、相互关系及其动态变化，对空间信息进行采集、智能抽象、存储管理、分析处理、可视化等的学科。主要内容包括理论制图学、地图制图学、地理信息系统等。

地图制图学到现阶段已发展进入数字制图和动态制图的新时期，并成为地理信息系统的支撑技术。理论制图学研究的内容主要包括地图投影原理和方法、地面形态的表达、投影变换理论及计算、地图的制作、地图数据库技术、地图的规范化、存储管理及应用技术等。

现代的地图制图科学不仅改变了通常制图的过程，而且也改变了地图的概念。广泛采用以各种传感器或人工采集的信息，借助于计算机及开发的制图软件，可以迅速地编绘各种所需地图或专题图，极大地改变了某些地图的物理形态，也改变了地图使用的实质，使地图成为数字化产品并很容易根据需要摘录地理信息，构成地理数据库。计算机制图的主要内容包括计算机制图程序、格栅模式与矢量模式及其转化、矢量符号及其表达、地图投影、地图制图数据结构、计算机制图的设计以及地图要素的提取、综合、存储、表达等。

地理信息系统（GIS）是一种特定而又十分重要的空间信息系统，它是以采集、存储、管理、分析和描述地球表面与空间地理分布有关的数据的空间信息系统。其基本特点是将信息系统、图形系统和空间分析功能综合在一起，同时考虑地理对象的空间信息、属性信息及拓扑关系。

主要研究内容包括空间信息的采集、图形及图像处理功能的开发、组件式 GIS 技术、资源信息系统的标准化、空间数据库技术、信息系统模型的研究、GIS 软件的研究等。

（四）工程测量学

工程测量学是一门信息的采集、处理、分析及表达的理论与技术的学科，主要研究国民经济建设和环境及资源的利用与保护。工程测量的领域十分广阔，包括水利电力、建筑工程、矿山地质、交通及桥梁、海洋及港口、铁道、市政工程等许多部门，并且构成了各有特色的工程测量内容，在长期的发展过程中形成了工程测量学科的基本体系。现阶段，工程测量学科的主要内容有：工程测量学、精密工程测量、变形测量等。

工程测量学是研究和解决各种工程建设的测量及控制的理论和技术方法。主要内容包括控制网的建设及其优化、工程测量技术与精度分析、测量误差及数据处理、工程的施工测量、工程测量信息管理系统等。

精密工程测量是结合现代测绘科技的新进展，研究和解决大型工程或特种工程对测量的高精度、可靠性、自动测控等各个方面要求的测量科学。主要内容包括观测数据的可靠性、精密测量方法和技术、控制基准及监控系统的优化、GPS 技术的应用、自动测控技术、安全监控信息系统、精密工程测量技术的应用等。

变形测量主要研究各种构造物及地表形变的监测理论和技术。主要内容包括变形监控网、监测系统的构建及优化、监测技术和方法、自动化监控系统、监控模型的数理基础、安全监控综合推理及专家评判系统、大型工程安全监控网络等。变形测量是一门体现着多学科相互结合的更广意义上的测绘学科。

工程测量学科是直接服务于国民经济建设的一门偏重于应用性的学科。为适应现代工程建设的需要，工程测量也同其他测绘学科一样，在理论上、研究的对象上、采用的技术上都呈现突飞猛进的势态。

（五）海洋测绘学

海洋测绘学是研究以海洋水体和海底为对象所进行的测量及海图编

制理论和方法技术的学科。海洋测绘中，周围的介质是广阔的水体，此外测量作业的动态性、测区条件复杂及不可视性、测量内容的多目标性，致使海洋测绘无论从仪器上、方法技术上，还是在测量基本理论及内容上都有十分显著的特色。

海洋测绘学的主要内容包括海洋大地测量控制网、海洋测量的基准研究、海洋定位系统、卫星定位、声学定位、水深测量技术、海底地形及数字化技术、海洋地球物理测量、海图数据库和海洋测量信息系统等。

海洋测绘是很重要的测绘学科之一，对我国海洋资源的综合利用及开发，对研究地球的演化过程和地球的构造、地球的形状大小和重力场、海上航运和我国的海防建设均有重要作用。

第二章　测绘与地理信息标准化

第一节　测绘标准化概况

一、发展回顾

（一）中华人民共和国成立至20世纪90年代初期

中华人民共和国成立初期，各行业根据自身需要制定出相关测绘技术标准。1956年，国家测绘总局成立，主管全国测绘工作，与中国共产党中央军事委员会联合参谋部（原中国人民解放军总参谋部）测绘局共同承担全国地形图的测绘任务。为了统一技术标准，两局于1959年联合制定并经国务院批准发布了《中华人民共和国大地测量法式（草案）》和《1 ∶ 10 000 1 ∶ 25 000 1 ∶ 50 000 1 ∶ 100 000比例尺地形图测绘基本原则（草案）》两项测绘法规。这两项法规实质上就是我国今后大地测量和地形测绘的标准，为我国测绘事业的快速发展起到了积极的推动作用。几十年来，所有大地测量和地形测绘的技术标准均以这两项法规为基准进行制定、修订，并在生产、教学、科研之中以此为依据。20世纪60年代中期，以国家测绘总局和总参测绘局为主，根据这两项法规制定了一批规范、细则、图式以及有关的技术补充规定。

1973年，国家测绘局进行重建，之后立即着手修改测绘技术规定，健全测绘管理制度，并召集有关专家和生产经验丰富的人员临时组成编写组，经过集中讨论，形成文本，印发给各生产单位贯彻执行。由于没有按国家规定的标准要求进行编写，未能列入国家标准化工作计划。随着国家实行改革开放，各行各业的工作重点转移到经济建设上，科技领域发生了日新月异的变化，相应的标准化工作在各行各业中也受到高度重视。国家测绘局为适应形势的发展，于 1984 年组建了专门从事测绘标准化工作的专业机构——国家测绘局测绘标准化研究所（原国家测绘局西安标准化测绘研究所），培养了一支专门从事测绘标准化工作的专业人才队伍。

到 20 世纪 90 年代初，我国基本完成了传统测绘生产技术标准的制定、修订，建立了一套从大地控制测量到国家基本比例尺地形图测绘，纸质地图印制和出版的完整的测绘生产技术标准体系，使传统测绘生产工艺的全过程得到全面的技术保证，为国民经济建设起到积极的保障作用。

（二）"八五""九五"时期

20 世纪 90 年代以来，随着高新科技的快速发展，特别是计算机技术的普及应用，测绘技术体系从模拟转向数字，从地面转向空间，从静态转向动态，并进一步向智能化、网络化方向发展。为了适应这种技术进步，测绘标准化工作紧跟测绘生产的需求，从"八五""九五"开始就将工作重点转到数字化测绘方面，重点对数字化测绘生产技术标准和地理信息数据标准开展研究，其研究成果和形成的技术标准、规范、规定对推动测绘科学进步，促进传统测绘技术体系向数字化技术体系转变起到了较好的指导作用。在此期间，国家测绘局组织攻关数字化测绘、基础地理信息数据生产和数据库建设、地理信息数据标准等标准研究和制定项目 130 余项。此外，国家测绘局出版了反映国内外测绘标准化工作进展情况的《测绘标准化》期刊；先后整理、翻译了 6 期《国外测绘标准译文选》；还专门收集、翻译了国外有关国家空间数据基础设施（NSDI）、数字地球等方面的技术资料。

（三）"十五"时期

"十五"期间，我国大力推进国民经济和社会信息化，而地理空间信息作为社会、经济和人文信息的空间支撑平台和基础，社会对其的需求日益增长。构建"数字中国"地理空间基础框架、"数字省区"和"数字城市"的工作全面展开。测绘标准化成为其间的重要建设内容，也是实现数据共建共享十分重要的手段。在国家实施的可持续发展、西部大开发、城镇化建设等一系列重大战略和重大项目中，及时的测绘信息服务提供了可靠的测绘保障，测绘与地理信息标准化工作成为其中重要的、不可缺少的基础性工作之一。为此，国家研究、制定了大量系统化、结构化、兼容性强、共享度高的测绘与地理信息技术标准。同时，由于科技进步和体制改革的双重作用，测绘与地理信息标准化工作在工作范围上由主要面向测绘系统转向了面向全行业、全社会；在工作对象上由主要关注数据生产转向了更关注数据共享和数据应用；在工作内容上由主要关注制定标准转向了既关注标准制定，又关注标准的前期研究、维护更新、推广应用和监督实施，并初步构建了较为系统的标准体系；在工作方式上由主要依靠标准化专业队伍转向了专兼职队伍并重，充分发挥了专家和生产技术骨干的作用。

“十五”初期，国家测绘局根据我国测绘事业发展“十五”计划纲要的总体要求，制定了“十五”测绘标准化规划、总体目标和基本原则，提出了标准化工作的重点任务和工作内容。“十五”期间的测绘与地理信息标准化工作从数字化测绘生产、基础地理信息数据库建设和地理信息共享等出发，完成了一系列标准化重要工作，主要包括以下内容。

1. 完成了现行测绘标准的清理、分析和适应性评价

以提高现行标准的时效性、适用性与协调性为目的，着眼于科技进步和生产需要，组织测绘界专家，对现行的140多项测绘技术标准进行清理、分析和适应性评价，提出了整体性评价意见，其中国家标准的评价意见已报送国家标准化管理委员会。同时，研究提出了地理信息标准体系草案，为今后的标准化工作打下了较好的基础。

2. 制定与修订了一批测绘与地理信息技术标准

为满足国家基础地理信息系统1 ∶ 50 000数据生产与建库工程需求，经过研究试验，制定与修订了工程建设需要的技术标准或编制暂行技术规定共计30项，包括信息编码类7项；数据生产类8项；数据产品与质量控制类6项；数据建库类6项；数据库管理类3项。为满足省级1∶10 000基础地理信息数据生产和建库的需要，研究编制了《1∶10 000基础地理信息数据生产与建库总体技术纲要》以及其他15项暂行技术规定。完成了若干暂行技术规定向正式标准的转化，并修订了已有的相关标准规范，形成测绘与基础地理信息国家标准、行业标准共计20余项。

同时，为扩展测绘标准化工作，促进地理信息共享，加强测绘行业管理，制定并修订了7项涉及地理信息分类体系、地理信息元数据、导航电子地图等方面的国家标准或国家标准草案。

3. 建立了标准化工作新机制与标准系列化制修订模式

为适应标准化工作新形势要求，提高标准质量和适用性，按照新的标准化工作思路，基本建立了由生产、科研、管理等多方面专家参与，专职与兼职标准化专家协同的标准化工作新机制。基本形成了相关标准系列化同步制定与修订模式，促进了标准之间的协调统一。

4. 跟踪国内外测绘新技术，积极参与国际标准化活动

"十五"期间，我国测绘事业的发展已完成了由传统测绘技术向数字化测绘技术的转化，而且正在向信息化测绘技术体系过渡。测绘标准化紧跟新技术发展的步伐，积极跟踪国内外测绘新技术的发展，密切关注国外测绘科技发展和相关技术标准信息；加强与国际标准化组织地理信息技术委员会（ISO/TC 211）及其他国际标准化组织的联系，积极参与了国际标准化活动；组织翻译、出版了国际标准汇编和20余期国外标准化动态信息。

5. 加强了标准宣传和信息服务

建立了"中国测绘标准网站"，及时宣传标准制定、发布、实施等信息，咨询、解释标准技术问题，网上征集标准反馈意见，畅通了标准信息渠道，提供了标准化信息服务。

（四）发展中出现的问题

"十五"期间，我国的测绘标准化取得了较快的发展，并为地理信息资源共享、开发、利用起到了积极的促进作用，但是仍然存在一些问题。问题主要表现在以下三个方面。

1. 地理信息更新和应用服务标准建设相对薄弱

测绘新技术的飞速发展对标准化的需求在广度和深度上都不断增加，而新技术标准相对滞后的问题依然存在。"十五"期间，测绘标准化工作在基础地理信息数据生产、建立数据库方面有较大的进展，但基于新技术、新工艺、新数据源的基础地理信息更新，网络化分发服务及社

会化应用等标准的建设仍非常薄弱。

2. 标准化工作投入的经费依然不足

标准化工作是公益性工作，具有明显的社会效益。“十五”期间虽然加大了测绘标准化工作经费投入，但信息化测绘标准制定与修订成本高，标准化需求范围明显增大，标准化工作经费仍显不足，影响了标准制定与修订的进度和宣传贯彻的力度。

3. 标准之间的协调和统一不够充分

“十五”期间对现行测绘标准进行了认真的评价和整理，特别是采用同类标准系列化同步制订的方式，增强了相关标准之间的协调和统一。由于标准制定与修订方式的改革需要一个过程，标准体系还不完善，系统化和相互间的协调性还不够。

二、国家测绘局测绘标准化工作委员会

为加快测绘专业标准的制定，满足测绘事业和技术发展的需要，国家测绘局于 2005 年成立了国家测绘局测绘标准化工作委员会(以下简称“测标委”)，作为国家测绘局在测绘标准化方面的咨询组织，负责测绘标准体系、规划和计划的审查，提出测绘标准立项建议。测标委主要面向测绘系统内部，其重点任务是指导和推进测绘标准的制定与修订，满足测绘事业发展的需要。

（一）工作职责

遵循国家有关标准化的方针政策，结合国内外测绘标准化发展动态和我国测绘标准化需求，向国家测绘局提出有关测绘标准化发展战略政策、措施的咨询意见和建议。

负责审查测绘标准体系、标准化规划和项目计划；提出测绘标准研究和立项建议。

负责测绘国家标准和行业标准送审稿的审查，并协助和指导测绘标准的制定、修订，复审、宣贯和培训工作，对标准提出咨询意见。

办理国家测绘局交办的测绘标准化工作的其他事宜。

（二）组织机构

测标委委员由国家测绘局聘任，每届任期为五年。委员由来自测绘系统的测绘管理、生产、科研、教学和质量检验等单位中具有较高理论水平和较丰富实践经验，能承担测标委工作，积极参加标准化活动的专家组成。

测标委下设秘书处，由国家测绘局测绘标准化研究所承担。秘书处在测标委主任委员和秘书长领导下，负责测标委的日常工作。

（三）工作制度

测标委采用全体会议、专题会议制度。

全体会议由主任委员召集，一般每年召开一次，主要审议测绘标准化规划、年度工作计划和标准项目计划，对标准项目进行立项论证，并对相关重大问题进行咨询、评议。全体会议必须有三分之二及以上委员参加方为有效。

专题会议由主任委员或其委托的副主任委员，秘书长召集，可根据需要不定期召开，主要针对重要测绘标准技术内容进行咨询、讨论，提出咨询意见；或对拟提交最终审查的重要标准进行审查。

测标委在遇到重大问题需要临时咨询时，可采用书面形式，组织全体委员提出咨询意见和建议。

测标委的咨询意见、评审意见和论证结论等，需要以文字形式确定的，由参加会议的全体委员签名确认或投票决定；投票结果以超过参会委员三分之二及以上同意方为通过，并由秘书处归档或办理印发事宜。

第二节　地理信息标准化系统分析

一、地理信息标准化系统环境分析

（一）系统环境分析概念及方法的选取

系统存在于环境之中，对系统所在环境进行分析是研究系统问题的第一步，系统问题解决方案的优劣程度很大程度上取决于是否对整个系统环境了解深刻。标准化系统的环境是系统存在和发展的外界条件的综合。市场形势的变化、社会经济行政管理的现代化、相关技术法规的出台、生产结构和社会经济结构的重大变革、科学技术的发展、贸易范围的扩大、较高层次的标准系统或同一层次的相关标准系统发生变化等环境因素都会影响到标准化系统，都将要求标准化系统做出相应的调整。对标准化系统进行管理的重要任务之一就是洞察环境因素的变化情况和趋势，及时对标准化系统加以控制和调整，使之与环境的变化相适应。

地理信息标准化系统环境分析是把地理信息标准化作为一个整体的系统，分析其如何与周围环境或其他系统相互作用。其主要目的是了解和认识地理信息标准化系统与环境之间的相互关系、环境对系统的影响和可能产生的后果。管理学中成熟有效的环境分析方法包括 PEST 分析法、AHP 分析法、价值链分析法、SWOT 分析法、波特五力分析法、SPACE 分析法等，可用于战略管理的不同内容方面和不同发展阶段。其中，PEST 分析法较适用于外部大环境的趋势分析；SWOT 分析法较适用于本身实力与机会评估的分析。本研究以 PEST 分析法为主，分析地理信息标准化系统建设的宏观环境，并结合 SWOT 分析法，构建地理信息标准化系统的 PEST–SWOT 分析矩阵，从政治、经济、社会、技术角度分析地理信息标准化系统的优势、劣势、机遇和风险。

（二）基于 PEST 的环境分析

PEST 分析法是对政治、经济、社会和技术这四大类影响系统的主要外部环境因素进行分析，构建地理信息标准化系统环境 PEST 架构。

1. 政治环境

政治环境是指与地理信息标准化系统有关的重要的政治法律变量，包括国际形势和合作、国内标准建设方针政策、与地理信息标准有关的法律法规、管理制度、地理信息产业政策等。统计、总结、分析当前我国地理信息标准化面临的政治环境。

地理信息标准国际形势和合作分析。发达国家踊跃参与国际标准的研制，积极采用国际标准。进入 21 世纪，经济全球化的进程不断加快，国际标准的地位和作用越来越重要。世界贸易组织（WTO）、国际标准化组织（ISO）、欧洲联盟（EU）等国际组织和美国、日本等发达国家纷纷加强了标准研究，并制定出标准化发展战略和相关政策。

在此形势下，我国也逐步开展了各项双边、多边和区域性的地理信息标准化合作。自1994年起，我国积极参与ISO/TC 211组织的地理信息国际标准研制，并将其制定完成的国际标准转化为我国国家标准，推动了与国际标准接轨的进程。

国内地理信息标准化方针政策分析。我国始终将地理信息的标准化和规范化作为GIS发展的重要组成部分。“七五”“八五”期间的建设核心是制定数据标准。“九五”“十五”期间的建设重点是地理信息共享标准化，并开展一系列相关地理信息共享标准的研究与制定工作。“十一五”期间，在建立国家地理信息标准体系基础上，加大了标准的基础性、前期性研究，探讨建立标准一致性测试和评价体系。“十二五”期间借鉴国际标准化组织ISO/TC 211和其他国家地理信息标准化的工作机制，设立标准工作组，全面推进标准化工作纵深发展；积极开展与其他标委会及企业、科研单位、大学等的横向合作；逐步探索形成多元地理信息标准化经费投入机制，加强国家地理信息标准化人才队伍建设。

地理信息标准有关的法律法规、管理制度环境分析。基本形成了以《中华人民共和国测绘法》为核心，以行政法规、部门规章、地方性法规和各级测绘行政主管部门制定的规范性文件作为配套的测绘法律法规体系，为地理信息标准化的发展提供了坚强的法律支撑，创造了良好的法治环境。

自“十一五”起，我国实行了更为开放的标准形成机制，与科研、生产和产业发展相结合，大大加快了标准制修订速度，有效提高了标准的科学性和适用性。

2. 经济环境

我国地理信息标准化系统环境经济要素表现在：①国家和地方各级政府从战略的高度和全局的角度，充分认识到地理信息标准化工作的重要性，在人力、物力和财力上给予了极大支持；②国家科技攻关项目、科技基础性工作项目、重大专项、基金项目等项目及“数字省区”“数字行业”“数字城市”“数字社区”等各级“数字区域”工程均投入大量经费进行研究。但是，目前尚存在经费投入分配不合理、重复投入等问题。

3. 社会环境

地理信息标准化系统环境社会要素表现在：①加强教育，扩大宣传。地理信息标准化管理机构重视科研机构和高等院校中的标准人才培养，有计划地增加了教材中的地理信息标准化内容，组织了各种研讨会、培训学习班，在年会上设立专题讲座，在相关刊物上扩大了宣传等，取得了一定的宣教效果。②认真总结，编著书刊。注重出版我国地理信息标准理论、技术和工具性的刊物书籍，有助于社会各界包括政府部门、专业人士、公众等更好地了解、使用和执行地理信息标准，有利于及时总结、交流和共享地理信息标准建设的研究经验及成果。

目前，社会参与度仍有待进一步提高。我国地理信息标准主要是由科研教学或事业单位的专家学者负责研制，应当创造政策条件、采取有效的措施，鼓励公众、企业积极参与到标准化活动中来，避免或减少地理信息标准出现片面性、局限性。

4. 技术环境

地理信息标准化系统环境技术要素表现在：①“人才、专利、技术标准”三大战略。技术标准及标准化工作对国家利益和经济发展的重要影响，已引起我国的高度重视。2003 年科技部提出了“人才、专利和技术标准”三大战略，并将重要技术标准研究列为国家“十五”重大科技专项，以提高我国技术标准的国际竞争力、推进地理信息标准化工作。②建设了专业过硬、技术精良的地理信息标准化队伍。1983 年，在原国家科委主持和组织下，成立了以陈述彭院士为首的专家组，深入调查和研究了国内外地理信息系统的发展，特别是地理信息规范化和标准化工作的进展。目前，全国地理信息标准化技术委员会设置了包括国家基础地理信息中心、国家测绘局测绘标准化研究所、国家计委宏观经济研究院信息咨询中心、武汉大学等专家学者在内的六个工作组。20 多年来，我国地理信息标准化工作全国组织和技术水平有了很大发展。

（三）构建 PEST-SWOT 分析矩阵

对地理信息标准化环境因素进行分析时，必须考虑系统自身的条件，综合分析系统直接面对的环境因素。SWOT 分析法又称为态势分析法，是一种能够较客观而准确地分析和研究一个单位现实情况、广为应用的系统分析和战略选择方法。其中 S、W 指系统内部的优势和劣势，O、T 指外部存在的机会和威胁。

1.SO 战略

SO（优势 – 机会）战略即依靠地理信息标准化系统内部优势去抓住外部机会的战略。凭借我国地理信息标准化建设的现有长处和有利资源，尽可能地利用面临的外部环境来提供发展机会，表现在制定扩大标准规模、加深标准范围等宏观战略。

根据 SO 战略，地理信息标准化系统建设应该充分发挥已有优势、弥补不足之处，面对国际合作形势良好的外部环境机遇，加快地理信息标准化建设，有计划、有重点地主动参与和主持国际标准的起草、制定工作，包括标准试验验证和讨论的全过程；加快转化 ISO/TC 211 等系列国际标准为国内标准的工作；继续申请在我国主办 ISO/TC 211 全体工作会议，以利于进一步增强国际社会对我国地理信息标准的关注；加快开展国际标准的宣传培训工作，使我国地理信息标准化工作更好地与国际标准化工作接轨。

2.WO 战略

WO（劣势 – 机会）战略指抓住当前的机会改进内部劣势的战略，即最大限度地利用外部环境中的机会，通过自身的改革或外在的方式来克服或弥补地理信息标准化面临的环境弱点。

根据 WO 战略，尽管我国“五年计划”中已有关于地理信息标准建设的内容，但为了从根本上解决标准重复建设、投入失衡等问题，还需要建设全国性长远的整体规划和协调机制，争取将地理信息标准化纳入国家标准战略；需要建立得到全国有关部门、行业共识的地理信息标准体系，以此作为全国性地理信息标准制定工作有序进行的基础；需要对现有标准进行归类、清理，淘汰已过时的标准，筛选出符合当前社会经济发展和一致性要求的标准,并对可预见的趋势进行衡量；多渠道立项,加大国家财政投入；提高标准立项和队伍建设的科学性，加强高素质标准化人才队伍建设，用系统科学的观点制定适用的标准体系和标准制定修订计划，提高标准项目的广度和深度，避免重复、减少浪费。

3.ST 战略

ST（优势－威胁）战略指利用内部优势去避免或减轻外部威胁的战略，即既能发挥自身优势、又能避开外部威胁。

根据 ST 战略，采取“重点竞争型”的国际标准竞争策略作为参与国际标准化工作的突破点，重点承担国际标准制定任务；以我国标准为主制定地理信息国际标准，使国际标准更多地反映我国技术要求；大力培养国际标准化专业技术人才，重视地理信息国际标准的跟踪研究；鼓励公众及企业参与标准化工作，吸引企业成员参与全国标准化技术委员会的工作；针对我国现行地理信息标准的研制缺乏有效的质量控制机制的问题，开展标准的一致性测试和质量控制工作，以提升标准的质量和技术水平，确保标准的实用性和可操作性。

4.WT 战略

WT（劣势－威胁）战略即克服当前地理信息标准化建设面临的劣势、避免受到威胁损害的战略。根据 WT 战略，应以保守策略为主，巩固自身现有优势，尽量避免劣势的发展，回避风险，稳健发展。

通过对地理信息标准化系统进行 PEST-SWOT 分析，能够把我国地理信息标准化系统面临的外部机会和威胁与其内部优势和劣势相匹配，应优先采用 SO 战略，其次辅助采用 WO 和 ST 战略，尽量避免处于 WT 环境。

二、地理信息标准化系统目标和结构分析

系统目标是系统分析与系统设计的出发点。只有充分了解和明确系统应达到的目标，才能避免盲目性，防止可能造成的各种错误、损失和浪费。系统结构是系统保持整体性和使系统具备必要的整体功能的内部依据，是反映系统内部要素之间相互关系、相互作用的形式的形态化，是系统中要素秩序的稳定化和规范化。地理信息标准化系统目标和结构

分析的目的是确定系统要素，论证目标的合理性和可行性。

（一）地理信息标准化系统总体目标

地理信息标准化系统总体目标集中地反映对整个地理信息标准化系统的总体要求。国家测绘地理信息局（原国家测绘局）定义我国地理信息标准化建设总体目标是：①建立并不断完善与社会经济发展阶段相适应的动态、科学的地理信息标准体系；②面向国家基础地理信息数据库建设与更新、地理信息产业发展等重点领域，急需制定一批基础性、通用性和专业性的标准，初步解决地理信息生产、资源共享、国家安全与产业化发展等方面标准缺失、不配套、实用性不高的矛盾；③建立和完善地理信息标准管理与协调机制；④加大标准的宣传、培训力度，促进标准的贯彻执行，提高我国地理信息标准化水平。

总体目标具有高度抽象和概括的特点，具有全局性、总体性特征。为了落实和实现系统的总体目标，需要对其进行分解。地理信息标准化分目标是对总体目标的具体分解，包括各子系统的子目标和系统在不同时间阶段上的目标。

（二）构建系统目标树

对地理信息标准化系统总目标进行分解，形成的目标层次结构即是地理信息标准化目标树。根据“目标子集按照目标的性质进行分类，把同一类目标划分在一个目标子集中”“对目标进行分解，直到可度量为止”这两条原则。通过建立地理信息标准化目标树，把标准化系统的各级目标及其相互间的关系清晰、直观地表示出来，有助于了解系统目标的体系结构，掌握系统问题的全貌，便于进一步明确问题和分析问题，有利于在总体目标下统一组织、规划和协调各分目标，使地理信息标准化系统整体功能得到优化。

（三）标准系统建设目标

从数据维度、技术维度、管理维度三个方面，并结合逻辑、物理、人的视角，地理信息标准系统（即标准体系工程）的建设目标包括以下几个方面。

1. 数据维度（逻辑视角）

从数据维度（逻辑视角）来看，地理信息标准系统的建设目标是建设地理信息领域 / 行业中的各类数据标准。包括时间参考系数据标准、地理参考系数据标准（如大地基准、高程基准、椭球体、投影等标准）、地理空间数据精度标准（如位置精度标准、时间精度标准、属性精度标准、完整性和逻辑性标准）、地理信息分类，以及编码标准、数据应用模式和属性定义标准、信息表达标准、数据模型标准、数据结构标准、数据描述标准，原始数据的获取标准、数据的处理提取标准、产品制作标准、数据质量控制标准、数据提交标准等参考系方面、数据内涵方面、工程实施方面的逻辑标准。

2. 技术维度（物理视角）

从技术维度（物理视角）来看，地理信息标准系统的建设目标是地理信息领域 / 行业应用服务标准、开发技术方法及接口标准等。包括各类地理信息系统建设开发过程中大量采用的信息技术，特别是与地理信息操作相关的标准，如信息系统技术标准、计算机硬件软件技术标准、数据处理标准、数据转换技术标准、数据库技术标准、网络技术标准、通信技术标准、传感器技术标准等。

3. 管理维度（人的视角）

从管理维度（人的视角）来看，地理信息标准系统的建设目标是研究其作为复杂系统工程而管理和维护地理信息领域 / 行业的问题。包括数据质量标准、数据更新标准、保密标准、安全标准、系统检测与评价标准、信息提供方式标准、建设规范、管理制度等。

（四）标准化工作系统建设目标

标准化工作系统建设目标可由标准在系统内的流动过程表示出来，包括标准的制定和贯彻过程。

1. 标准的制定

标准的制定包括标准制定计划、标准情报、国际标准化、实验和生产、标准起草修改和审定、标准出版等。

2. 标准的贯彻

标准的贯彻指标准宣教、标准使用等过程。建设地理信息领域 / 行业综合保障体系，建立起地理空间数据共建共享、持续运行的长效机制。

（五）依存主体建设目标

地理信息标准化系统的依存主体包括地理信息技术及其应用形式、空间结构层次、工程项目、研究项目等。综合起来，包括理论主体、实践主体和技术主体三方面的内涵。其中，理论主体从静态结构的角度反映了地理信息领域 / 行业依存主体的空间结构和层次，实践主体从形态发展的角度反映地理信息技术的应用形式、地理信息产品的发展变化情况和未来趋势，技术主体从应用的角度反映地理信息标准工程项目、研究项目的动态运行过程。

三、地理信息标准化系统定性、定量分析

（一）目标 – 手段定性分析

心理学研究表明，人类解决问题的过程就是目标与手段的变化、分解与组合，以及从记忆中调用解决问题、实现子目标手段的过程。目标 – 手段分析法是将要达到的目标和所需要的手段按照系统展开，实质是运用效能原理不断进行分析。

对地理信息标准化系统目标的落实，就是探索实现上层目标的途径和手段的过程。目标树中的某一手段都可视为下一层次的目标，某一目标都可视为实现上层目标的手段。

1. 地理信息标准化“目标 – 手段系统”第一级

目标 A：地理信息标准化系统高效管理，社会经济效益最大化。

手段 M：地理信息标准系统简化、统一、协调、最优化；地理信息标准化工作系统规范、合理活跃；地理信息依存主体系统重复性事物和概念有序管理。

2. 地理信息标准化“目标 – 手段系统”第二级

目标 A_1：地理信息标准系统简化、统一、协调、最优化。

手段 M_1：数据现势、完整，结构优化，技术先进，系统有序。

目标 A_2：地理信息标准化工作系统规范、合理活跃。

手段 M_2：标准制定组织有序，工作高效，贯彻实施彻底，反馈控制措施合理。

目标 A_3：地理信息依存主体系统重复性事物和概念有序管理。

手段 M_3：理论、实践、技术主体明晰。

依次向下划分，直到这个分解和探索过程中所有的手段都已找到、各项分目标和子目标清晰。把所有的目标组合起来，就构成了地理信息标准化系统的目标体系（目标集合）。

（二）系统相关性与阶层性分析

1. 系统相关性

地理信息标准化系统要素间的关系体现在空间结构、排列顺序、相互位置、松紧程度、时间序列、数量比例、信息传递方式，以及组织形式、操作程序、管理方法等多个方面，由此形成系统的相关关系集。

2. 系统阶层性

系统整体性分析是结构分析的核心，也是解决系统整体协调和优化的基础。二元关系分析解决了具有平行地位的要素之间的关系分析问题，对于系统的阶层关系还需要辅以阶层性分析方法，解决系统分层数目和各层规模的合理性问题。建立评价指标体系，能够衡量和分析系统的整体效果，是量化地理信息标准化系统整体性的有效手段。

按照评价指标体系对地理信息标准化系统评价，使地理信息标准化要素集、关系集、层次分布达到最优的结合，确保取得系统整体的最优输出。

第三节　测绘与地理信息标准化的目标和任务

一、指导思想与目标

测绘与地理信息标准化是推动测绘事业和地理信息产业技术进步、产业升级、质量提高的技术基础，是打破国外技术壁垒、保护知识产权和保障国家信息安全的重要手段。测绘质量是测绘事业的生命线，不仅关系到国民经济的快速发展，关系到国家主权、安全和民族尊严，也事关人民群众的切身利益。多年来，测绘工作为经济建设、国防建设、科学决策等方面都提供了大量可靠的保障服务，发挥了重要作用。进入新时期，促进和谐社会建设对测绘保障服务的需求日益迫切，测绘的地位和作用更加突出。测绘成为可持续发展的基础性工具和加强国防建设、保障国家安全的重要支撑条件，基础地理信息资源成为国家重要的战略性信息资源，地理信息产业正在成为现代服务业中新的经济增长点。测绘保障服务的广阔性和全面性，测绘的基础性和先行性，决定了测绘必须为经济社会发展提供标准、可靠的成果和技术服务。

随着技术的不断进步，我国测绘发展在实现了从传统模拟测绘技术体系向数字化测绘技术体系的转变之后，正朝着信息化测绘体系建设的方向迈进。走信息化发展道路，建设信息化测绘体系，实现从以地图生产为主向以地理信息服务为主的重大战略转变，成为新时期测绘发展的首要任务和必然要求。与此同时，以测绘为基础发展形成的地理信息产业呈现出了迅猛发展的势头，地理信息服务已经走入千家万户。新的经济环境下，测绘事业正经历着技术手段、应用层次和资源配置方式的深刻变化。测绘标准和质量管理工作，作为测绘信息化和地理信息产业发展的重要内容、基本保障和先行性工作，必然要加快实现战略性转变和突破性发展。技术发展日新月异，社会需求千变万化，处在战略转型期的测绘标准与质量管理工作较以往任何时候都要重要和迫切，各级测绘行政主管部门已经给予高度重视。

地理信息是国家信息化建设的重要组成部分，测绘与地理信息标准是推动国家地理空间信息基础设施建设健康发展、促进地理信息相关产业发展的重要技术保障。建立一整套从地理信息定义、获取、处理、存储、交换、共享、管理到应用所适用的标准规范，是国家信息化建设的必然要求。测绘与地理信息高新技术标准是实现现代测绘技术和地理空间技术转化为生产力的重要环节，是打破国外技术壁垒、保护知识产权和保证国家信息安全的最有效手段之一，是实现对地观测技术、计算机技术、网络技术以及通信等高新科技成果集成应用和产业化的桥梁和纽带。要实现科技创新，实现测绘事业又好又快发展，实现地理信息应用与产业化发展，加紧制定符合我国国情和技术发展现状的测绘与地理信息技术标准，以引导、规范和推动发展显得越来越迫切。同时，国际上已经形成一大批地理信息标准，一方面需要通过分析研究，将其中成熟可用的标准快速转化为我国标准，以解急需；另一方面，需要在国际标准中更多地反映中国地理信息技术，解决中国标准适应国际市场的问题，提高我国在国际地理信息标准制定中的话语权。

二、主要任务

（一）完善标准化工作机制

1. 加强标准化制度建设

国家测绘地理信息局要加强对标准化工作的统筹协调，积极与行业各部门沟通和互动，建立强有力的综合协调机制；加强全国地理信息标准化技术委员会和国家测绘地理信息局测绘标准化工作委员会的建设，充分发挥其协调、指导、服务职能，完善标准化决策、咨询机制；地方测绘地理信息行政主管部门进一步落实在测绘与地理信息标准化方面的职责，加强制度建设。

2. 完善标准形成机制

完善标准形成机制的具体内容有：①实行标准项目公开申报制，畅通标准申报渠道，面向全社会公开征集标准项目建议；②加强对标准项目的规划与指导，加强各级各类标准项目，协调之间的内容，避免重复立项和内容交叉；③建立开放性的标准制修订工作机制和技术协调机制，鼓励具有相应技术条件和基础的企事业单位，承担或参与标准制定与修订工作，建立标准研制与科技研发、测绘生产紧密结合的联动机制，对于适用且成熟的地方标准、企业标准和项目成果，积极予以完善、转化和提升；④严格标准审查程序，充分征集和听取各方面对标准立项和标准草案的意见，加强对标准编制过程中的管理与指导，严格标准立项审查和报批前技术审查，严把标准“出口”。

（二）加快标准研究制定

1. 建立并不断完善标准体系

根据技术发展和社会需求的变化，结合地理信息获取、处理、管理、服务与更新各环节的新特点，研究建立结构合理、层次分明、重点突出、科学适用，满足测绘事业与地理信息产业发展需要的测绘标准体系和地理信息标准体系，并作为国家权威的、共同遵循的标准体系予以正式发布，指导标准制修订立项和项目实施工作。同时，依据标准体系，积极开展对现行标准的适用性评价和清理工作，加快标准更新。

2. 加快基础性、强制性标准制修订

国家测绘地理信息局根据《测绘地理信息事业“十三五”规划》，紧密围绕信息化测绘体系建设和地理信息产业发展的需求，面向地理信息安全保密、公众版测绘成果的加工和编制，测绘基准建立，基础地理信息系统建设等方面，加快制修订一批能够统领全局、规范测绘事业和地理信息产业发展的关键性和基础性国家标准，尤其出台一批强制性国家标准；同时面向地理信息资源建设、地理信息共享与公共服务、地理信息产业发展等领域，制修订一批急需、适用的推荐性国家标准和行业标准，初步解决标准数量不足，滞后于需求的矛盾。

（1）加快基础性标准制修订

加快基础性标准的先行研究和制修订，重点开展国家大地测量基本技术规定，国家基本比例尺地图测绘基本技术规定、地理格网、测绘学名词基本术语等基础性标准的制定和修订。

（2）面向重点领域，加快制修订一批适用标准

基础地理信息资源获取与建设领域：优先进行国家基础地理信息数据库建设与更新、西部测图、海岛（礁）测绘、新一代测绘基准的建立与维护、新农村建设测绘保障、对地观测、基础地理信息动态监测与更新系列标准的制修订。针对测绘新技术、新工艺、新方法、新数据源的采用，重点开展数字航空摄影、数字航空摄影测量、三维地理信息数据生产、数字地图编绘与缩编、新一代地图印制、新型传感器数据用于测绘更新等技术方面的标准、规范的制修订。主要包括卫星定位连续运行站建设规范、区域大地水准面精化规范、水准测量规范、卫星定位系统测量规范、航空摄影规范、航空摄影测量与遥感测绘规范、地籍测量规范、基础地理信息数据库建设规范、基础地理信息三维数据产品生产规范、基础地理信息数据更新规范、国家基本比例尺地形图编绘规范、地图印刷规范、国家基础地理信息框架数据标准、基础地理信息数据产品分类体系与分类方法标准、新型遥感数据源数据质量评价标准、多源地理信息数据生产模式标准、基础地理信息数据生产质量控制标准、地理信息质量要素和产品质量评价指标体系。

地理信息公共平台建设与共享领域：优先进行电子政务、数字城市、科学数据共享系列标准的制修订。主要包括国家标准基础地理信息数据基本要求和专业信息资源整合标准、地理信息网络共享与互操作标准、地图网络服务器接口标准、地理信息分发服务标准、地理信息网络传输安全控制标准、三维地理信息采集标准、地理信息可视化表达等系列标准。

发展和规范地理信息产业领域：优先进行基于位置服务、导航应用服务、智能交通，地理信息公共产品开发、信息安全，服务规范等系列标准的制修订。主要包括地理信息服务模式标准、基于个人位置与导航服务标准、社会公众版地图产品系列标准、地理信息数据安全处理标准、地理信息产品注册标准、地理信息服务质量标准等。

（3）测绘产品与服务标准的制修订

针对基础测绘公共产品开发应用和地理信息产业发展的需要，着重进行数字测绘产品模式、基础地理信息安全保障、基础地理信息社会化

应用新产品、测绘档案资料信息化等标准或规范的制定。针对测绘成果分发服务的需要，要着重进行地理信息网络数据传输交换与互操作、基础地理信息数据共享与服务标准，同时要抓紧数字测绘成果质量控制、成果检查与验收、质量评定等标准的制修订。

测绘产品与服务标准主要包括：数字测绘产品标准、测绘产品检查验收规定、数字测绘产品检查验收规定与质量评定、基础地理信息系统安全管理规程、数字测绘成果归档技术规范等。

（4）转化、采用一批适用的国际标准

在保证国家安全和主体利益的前提下，分析研究相关国际标准、规范的内涵、相互关系和对我国的适用性，以及是否涉及国家秘密等，并择其适用者，区分不同情况适时、适度地采用等同（IDT）、修改（MOD）、非等效（NEQ）采用的方式转化为国家标准。

转化、采用的国际标准主要包括：地理信息术语、参考模型、空间模式、时间模式、应用模式规则、地理信息格网、数据模型、概念模式语言、数据产品规范、质量基本原理等基础标准。

3. 注重地方标准制修订

省级测绘地理信息行政主管部门在做好国家标准、行业标准贯彻实施和监督管理工作的同时，要紧密结合本地区的实际，充分利用地方标准来规范和引导本地区测绘事业与地理信息产业的发展。对于尚无国家标准和行业标准，而又确需在本省内统一技术要求的，省级测绘地理信息行政主管部门可组织制定相应的地方标准，一方面满足急需，另一方面也为今后制定相应的行业标准和国家标准奠定基础。但各地在地方标准制定工作中，必须注意与国家标准和行业标准相衔接，不得违背相关国家标准和行业标准，并于地方标准发布后30天内，向国家测绘地理信息局备案。

（三）加大标准统一监管的力度

1. 强化标准执行监督

从事地理信息数据采集、处理、管理及产品生产、应用、服务，软件开发和销售等各项活动，必须执行测绘与地理信息强制性国家标准的各项条款，国家鼓励和引导测绘与地理信息企事业单位积极采用和执行推荐性标准。各级测绘地理信息行政主管部门要依据《中华人民共和国测绘法》和《中华人民共和国标准化法》，强化测绘与地理信息标准执行的监督。研究建立有利于促进标准执行的制度和措施，如在国产地理信息软件测评和进口地理信息软件准入控制中增加地理信息国家标准符合性测试的要求，实施对重大测绘与地理信息工程项目贯彻执行国家标准情况的强制性检查等。加大对标准执行情况的监督力度，对落实情况不好的单位依法进行通报和查处。

2. 建立标准一致性测试评价体系

国家测绘地理信息局将在充分借鉴国内外相关领域成果和经验的基础上，研究建立与我国国情相适应、与测绘质量检测控制体系相协调的测绘与地理信息标准一致性测试评价体系。将研究我国测绘与地理信息标准一致性测试评价体系的构成、对象、过程和方法，出台一致性测试管理、授权等方面的政策规定和测绘规程，研发测试软件平台。同时，将积极开展针对已有和在研标准以及测绘与地理信息数据产品、设备、软件、数据库、信息系统等的一致性测试和评价工作。

3. 提高标准信息服务水平

加强对全国已有测绘与地理信息标准信息服务资源的整合和共享，加快建设网络化的标准信息共享服务平台，畅通信息渠道，为全社会提供及时、准确、高效、权威、便捷的测绘与地理信息标准化信息服务。充分利用“中国测绘地理信息标准网”“测绘标准化期刊”以及各级测绘地理信息行政主管部门的门户网站等，及时通报国内外测绘与地理信息标准制定、发布、实施等方面的相关信息，积极主动为各类用户提供标准咨询技术服务，广泛征集各方面对标准化工作的需求和建议等。

4. 加大标准宣传与培训力度

各级测绘地理信息行政主管部门加大对测绘与地理信息标准的宣传贯彻力度，扩大标准的影响，促进标准的实施。国家测绘地理信息局测绘标准化工作委员会、全国地理信息标准化技术委员会以及测绘与地理信息企事业单位，要经常开展标准培训活动，全面、系统地培训标准的主要技术内容、与相关标准的联系和标准执行中应注意的事项等；对于新发布的标准，及时进行宣传，并举办培训班，以促进标准的贯彻执行。

第四节　测绘与地理信息标准体系框架构建

一、测绘标准体系框架研制

标准体系是为实现标准化目标而建立的一套具有内在联系的、科学的、由标准组成的有机整体。在快速发展的中国，迫切需要通过标准体系的建立，加快我国标准化的步伐，加强和提高标准研究的科学性、计划性和有序性，进一步推进社会、经济和科学技术的发展。

为了指导测绘国家标准和行业标准的制定、修订工作，明确测绘标准化的发展方向和工作重点，提高标准的科学性、体系性、协调性和计划性，根据《测绘地理信息事业“十三五”规划》的要求，为进一步满足测绘地理信息事业发展对标准化的需求，做好测绘标准的制修订工作，提高测绘标准的科学性、协调性和适用性，国家测绘地理信息局于 2017 年 10 月颁布实施了《测绘标准体系（2017 修订版）》（以下简称《体系》）。《体系》是国家测绘地理信息局测绘标准化工作委员会组织测绘标准化研究所等有关单位，按照《测绘地理信息事业“十三五”规划》的要求，根据测绘事业转型、升级和发展对标准化的需求，落实新时期国家深化标准化工作改革、行政审批制度改革以及测绘地理信息管理的要求，以“创新、协调、绿色、开放、共享”新发展理念为指导，在 2009 版《测绘标准体系》的基础上经进一步补充和完善形成的。《体系》明确了当前测绘领域国家、行业标准的内容构成，可为信息化测绘生产、管理与服务提供全面的标准支撑，是测绘这一基础性、公益性事业新时期标准化工作的纲领性技术设计。

《体系》由测绘标准体系框架和测绘标准体系表构成，从信息化测绘技术、事业转型升级和服务保障需求出发，兼顾现行测绘国家标准和行业标准情况，以测绘标准化对象为主体，按信息、技术和工程等多个视角对测绘标准进行分类和架构。《体系》共包含定义与描述、获取与处理、成果、应用服务、检验与测试、管理等六大类36小类。《体系》共收录377项标准，其中现行有效标准256项，制定中的标准121项；并前瞻性地提出了多个待制定的标准方向，约137项。

《体系》是目前和今后一段时间内测绘国家标准、行业标准制定与修订的指导性文件，今后对测绘标准项目提案的提出与受理、立项审批及标准审查等，将主要依据《体系》的内容和要求执行。

二、国家地理信息标准体系框架研制

标准体系是一定标准化系统为了实现本系统的目标而具备的一整套具有内在联系的，科学的、由标准组成的有机整体，它包括现有的和预计发展的标准，是指导今后发展的标准蓝图，是开展标准化工作的指导性技术文件。研究和编制标准框架，将加强标准化工作发展的科学性、计划性和有序性。

我国标准化工作经历了从单一标准到体系标准、系列标准，从一个研究领域发展为多个领域，从基础标准向高新技术领域开拓的过程，并逐步建立了科学的基础理论系统；逐步实现了社会、经济、科技等领域信息分类编码标准体系的科学化、实用化、兼容配套化，为国家信息化工程建设提供了一个较完整的标准体系。

地理信息科学是一门多学科交叉、融合的学科，地理信息标准体系的研制是针对直接或间接与地球上位置相关的目标或现象，制定一套结构化的定义，描述和管理地理空间信息的系列标准的体系表，使得这些标准成为具有内在联系的、科学的有机整体。地理空间信息标准化工作同样经历了这样一个发展过程。20世纪80年代以来，随着高新技术的发展，特别是计算机技术的普及与应用，测绘技术全面从模拟测图向数字测图转轨，测绘标准化工作在"八五""九五"期间面向数字化测图，形成了一批技术标准和规范，对指导、规范和促进传统测绘技术体系向测绘数字化技术体系转化发挥了重要作用。从20世纪80年代初开始，我国陆续推出了《中华人民共和国行政区划代码》《地理格网》《国土基础信息数据分类与代码》《中国河流名称代码》《地理点位置的纬度、经度和高程的标准表示法》《地球空间数据交换格式》《城市地理信息系统设计规范》《国土资源信息核心元数据标准》等多项地理信息及相关标准。

为了适应快速发展的地理信息科学与技术发展的要求，促进我国地理信息和空间基础设施建设，加快地理信息共享进程，从整体出发，制定标准间关系合理、层次结构分明的地理空间标准体系框架势在必行。国家测绘地理信息局提出研究和制定项目。通过标准体系表找出地理信息标准化的发展方向和工作重点，使地理信息标准化走向科学、有序和获得全面的经济效益。由于地理信息标准体系是直接或间接与地球位置相关的目标或现象信息，涉及的行业广泛，应成为全国通用综合性基础标准体系中的组成部分。

项目的执行分为两个阶段:第一阶段从2003年10月至2004年6月，在搜集和分析国内外地理信息机构制定标准的基础上，形成标准体系表（讨论稿）。存在的问题是，涉及地理信息数据处理过程方面的标准占比较大，基础标准不够全面，标准体系中各类标准的布局不够均衡、“高度”不够，究其原因是对标准体系表的定位不够明确。第二阶段从2004年7月至11月，在多次听取和分析了专家们的意见之后，对地理信息标准体系的定位作了调整，定位在为全国构建一套统一布局、科学合理的地理信息标准体系，控制住两头，即侧重在基础性和实现通用性标准的研制，对于数据和信息处理的方式和过程方面的标准由行业或企业展开细化。

国家基础地理信息中心承担的“地理信息标准体系框架”研究项目，于2004年底通过了专家验收。在体系框架形成过程中，标委会秘书处组织了二次专家讨论会，广泛听取了同行专家的意见和建议。

“地理信息标准体系框架”研究成果提交2006年度全国地理信息标准化技术委员会全体会议讨论审议，经征求有关部门意见后，全国地理信息标准化技术委员会于2007年10月印发《国家地理信息标准体系框架》，在其基础上进一步细化、完善，形成《国家地理信息标准体系》。

《国家地理信息标准体系》是地理信息国家标准立项的指导性文件。当然，随着科技的进步与发展，要适时地对其进行修改与完善。

第三章 新型基础测绘

第一节 基础地理实体数据组织

一、基础地理实体分类

为了使测绘地理信息成果精细化，提升测绘地理定制化服务能力和水平，满足各行业和生态文明建设需求，支撑自然资源管理和经济社会发展，应结合基础地理实体的自然和人文属性以及管理意义等内容，建立科学合理的基础地理实体分类体系。基础地理实体分类应在传统基础地理要素分类的基础上，充分参考第三次全国国土调查、地理国情普查、不动产登记，国土空间调查、规划、用途管制用地用海分类指南等相关标准，形成涵盖山、水、林、田、湖、草、矿、沙等自然资源的基础地理实体分类体系。

（一）分类原则

基础地理实体的分类设计应遵循以下原则。

1. 科学性

基础地理实体分类应符合现实世界地理信息的基本组织规则，充分兼顾传统基础测绘成果和各自然资源要素等的分类体系，内容应涵盖基础测绘范畴内的各层次、各领域的地理信息，原则上应做到无遗漏、不重复。

2. 系统性

分类体系结构应正确反映基础地理实体的相互关系与层次结构，分类或分级的层次应清晰合理，对于分类对象的同级分类，应采用相同的视角，确保各层级基础地理实体的关系明确，整体性与逻辑性强。

3. 兼容性

基础地理实体分类应最大限度兼容传统基础测绘相关的分类体系，实体类别名称尽量沿用习惯名称，有利于进行传统基础测绘成果的升级和改造。

4. 稳定性

分类体系应选择最稳定的特征和属性作为分类依据，保证整个体系架构在较长的使用周期内不发生重大改变。

5. 可扩展性

分类体系应留有充足的扩展余地，在保证整个体系架构不变的前提下，为其完善与更新提供足够的空间。

（二）分类要求

1. 具体要求

基础地理实体分类有以下四项具体要求：①由某一上位类划分出的下位类的总范围应与该上位类的范围相同；②某一个上位类划分成若干个下位类时，应选择同一种划分视角；③同位类的类目之间不交叉、不重复，并且只对应一个上位类；④分类应从高位向低位依次进行，不应有跳跃。

2. 实体分类

（1）宏观层面

在宏观层面，应立足服务于国土空间管控需要，区分出生态、生产和生活空间。

（2）中观层面

在中观层面，应立足服务于自然资源的调查、监测需要，区分出山、水、林、田、湖、草、矿、沙等。

（3）细观层面

在细观层面，应立足服务于国土空间的用途布局和确权需要，区分出地块以及河流段、道路段等。

（4）微观层面

在微观层面，应立足服务于城乡建设和城市精细化治理需要，区分出地物细类。

（三）实体分类组织

采用线分类法将基础地理实体类型分为门类、大类、中类和小类 4 个层次，共有 8 个门类，细分为 69 个大类、341 个中类和 280 个小类。

在参照基础地理信息要素分类与代码、自然资源部用地用海分类等相关规范的基础上，结合实际应用需要，将基础地理实体分为居民地及设施、交通、管线、水系、用地与院落、区域与界线、地貌、矿产等 8 个门类。

在门类的基础上，可以进一步细分为以下若干大类。

1. 居民地及设施门类

包括建筑物、构筑物、绿化设施和硬化地表等大类。

2. 交通门类

包括铁路、铁路附属设施、公路、城市道路、乡村道路、交通场站、桥梁与隧道、道路附属构筑物与设施、水运、空运等大类。

3. 管线门类

包括给水管、排水管、燃气管、电力管、通信管、热力管、工业管、不明管、综合管廊等大类。

4. 水系门类

包括流域、河流、湖、水库及设施、沟渠及设施、河、湖中的岛、其他水系、水利及附属设施、海洋等大类。

5. 用地与院落门类

包括耕地、园地、林地、草地、湿地、农业设施建设用地、居住用地、公共管理与公共服务用地、商业服务用地、工矿用地、仓储用地、交通运输用地、公共设施用地、绿地与开敞空间用地、特殊用地、留白用地、其他用地等大类。

6. 区域与界线门类

包括领海区域、行政区域、其他区域、界桩、界碑、界标、开发区、自然保护地、规划控制线、界线与权籍、城镇（乡）体系、产业空间布局、国土空间规划分区等大类。

7. 地貌门类

包括自然地貌和人工地貌等大类。

8. 矿产门类

包括能源矿产、金属矿产、非金属矿产、水气矿产等大类。

在门类和大类的基础上，进一步划分出中类和小类。例如，居民地及设施门类的建筑物大类中，包含房屋、楼层、房屋附属设施、地下建筑等中类，其中，房屋附属设施中类又包含门顶、柱廊、悬空通廊、室外楼梯、室外自动扶梯、室外电梯等小类。

二、基础地理实体数据库设计

（一）数据库设计原则

建设基础地理实体数据库的目的，一方面是为了实现成果数据的集成管理，另一方面是为政府机构、专业部门和社会公众提供相应的服务。整个建库采用统一规范、分级实施、严控质量且已广泛应用的成熟数据库，结合地理信息系统、互联网等技术，加强技术和方法创新，建成功能和性能上都满足应用要求的数据库。数据库设计应遵循以下基本原则。

1. 一体化原则

在空间分布方面，将地上与地下的、陆地与水域的、室外和室内的基础地理实体数据全部纳入建库范畴，实现地上地下一体化、陆地水域一体化和室外室内一体化；在信息融合方面，将基础地理实体数据的时间信息与空间信息、空间信息与属性信息、二维信息与三维信息全部进行建库，实现时间空间一体化、空间属性一体化和二三维一体化。基于6个“一体化”原则，建成空间立体、形态多样、语义丰富的基础地理实体时空数据库。

2. 实用性原则

数据库设计要充分考虑各部门应用的实际情况，实用性是数据建库的最基本和最重要的原则。数据库内容确定、数据模型设计、数据组织以及数据库管理和应用服务系统、运行环境设计等，都需要尽可能地满足当前的应用需求，使数据库建成后能够很快发挥作用，服务自然资源管理和城市精细化治理等。针对统计分析和服务应用的高要求，设计先进、易扩展的系统架构和系统运行环境，确保数据库及数据库管理和应用服务系统具有很强的实用性，能够充分实现信息资源共享，方便人们获取所需要的信息。

3. 先进性原则

数据库设计要在吸取国内外基础数据库建设的经验和教训的基础上，研究和分析技术及其相关技术的发展趋势，要尽量考虑数据库系统的先进性，采用成熟可靠的技术，以确保数据库系统的实用性。采用先进的时空数据建库技术、数据存储方案、数据管理方案，统一规范基础地理实体数据的内容，合理组织数据库的结构，支持数据库内容的扩展以及多源、多尺度数据的融合管理，实现基础地理实体关联的图像、音频、视频等多媒体数据和档案资料的集成管理，以及时态数据管理、统计分析的需要，满足大数据快速查询和统计分析的要求，确保数据库的科学性和前瞻性，方便进行更新维护，使数据库能够适应未来技术发展的变化。

4. 扩展性原则

数据库的更新维护是一个长期而重要的过程。数据库设计在数据组织、存储空间、硬件设备和管理软件等方面都应具备对需求变化的适应能力，以适应数据库系统集成后调查与更新数据的不断加入，更多数据存储和管理以及统计分析的能力扩展，以确保数据库系统具备可持续发展的空间。数据库管理和应用服务系统采用面向服务的设计与云计算应用架构，方便新统计分析模型的扩充、调用，使系统具备良好的可扩展性和运行效率，便于促进信息资源共建共享。

5. 安全性原则

随着计算机网络技术的不断发展，数据共享越来越频繁，数据的安全性显得越来越重要，一旦出现数据泄密，将构成严重的威胁。因此，在设计数据库时，应设计一套行之有效的安全机制，以保证数据在网络中的安全。

（二）数据库分层设计

为科学合理地组织、管理和存储基础地理实体，在基础地理实体分类、图元设计的基础上，对基础地理实体数据库进行分层设计，包含 8 个基础地理实体基本层和 272 个图元层。

8 个基础地理实体基本层分别对应前文 8 个基础地理实体门类，用于存储基础地理实体分类码、基础地理实体标识码、基础地理实体名称等基础地理实体的基本信息，以“ENTITY_ 基础地理实体所在门类简拼”命名，如“ENTITY_JT”表示交通门类的基础地理实体。

272 个图元层存储基础地理实体图元的基本属性与专有属性。图元层名包含图元类型、基础地理实体所在门类、基础地理实体所在大类或中类以及图元几何类型代码信息。其中，图元类型以“G_”“ZT_”“GJ_”来区分标识，分别表示根图元、主体图元和构件图元所在图层。每个基础地理实体有且仅有 1 个根图元层，主体图元层和构件图元层不一定存在，如“G_JMD_FW_A”表示居民地及设施门类下的房屋基础地理实体根图元，为面图元；而“ZT_SX_HL_A”表示水系门类下的一般河流基础地理实体主体图元，为面图元。基础地理实体通过基础地理实体标识码与根图元一一对应来实现与其他图元的关联。

（三）数据库结构设计

基础地理实体基本层和图元层在数据库中均以表的形式存储相关数据信息，每个基础地理实体或图元对应相应表中的一条记录。基础地理实体基本层存储基础地理实体基本属性；图元层存储图元的基本属性、专有属性和几何信息。

为了实现基础地理实体建库 6 个“一体化”，采用具有空间数据拓展管理能力的关系数据库存储基础地理实体数据。数据库中基础地理实体主要包括语义信息，二、三维图元信息，以及关联关系信息等。为了避免信息冗余，这些信息被分别存储到“基础地理实体基本表”“图元表”（一个或多个）“关系表”等多个逻辑关联的结构化数据库表中。

（四）关联关系设计

数据库的关联关系设计包括基础地理实体与图元关联设计、基础地理实体与基础地理实体关联设计，具体表现形式为关系表。在数据库中，关系表用于存储基础地理实体的二维、三维图元集合以及父子基础地理实体间的组合、聚合关系。

关系表是关联基础地理实体与图元的桥梁，每一个基础地理实体的关系表中“二维图元集”“三维图元集”用于记录构成基础地理实体的二维点、线、面图元和三维体图元。

关系表是基础地理实体之间关联的纽带，每一个基础地理实体的关系表中“父/子级基础地理实体集”用于记录该基础地理实体作为组成成分构成的所有父级基础地理实体（上一级基础地理实体集合）、构成该基础地理实体的所有子级基础地理实体（下一级基础地理实体集合）；“关系类型”用于记录构成父子级基础地理实体间的关联类型，有“单实体”“组合”和“聚合”三种类型。“单实体”类型是指基础地理实体不存在与其他基础地理实体的关联关系，如路灯基础地理实体；“组合”类型是指该基础地理实体与同类的基础地理实体间存在关联关系，如房屋与楼层基础地理实体；“聚合”类型是指该基础地理实体与不同类的基础地理实体间存在关联关系，如房屋与院落基础地理实体。

（五）全生命周期管理设计

通过“产生时间”和“消亡时间”等时间字段属性来管理维护基础地理实体的时序变更信息，以达到全生命周期管理的目的。

所有基础地理实体均应明确填写其“产生时间”；基础地理实体进行更新且未消亡时，应将当前更新的日期填写至“存续时间”；基础地理实体“产生时间”和“消亡时间”应采用其自然产生和消亡的时间，以其管辖部门业务规则为依据，不以测绘数据生产、更新时间为依据。

基础地理实体消亡后，应填写其“消亡时间”。其数据记录应作为历史信息在数据库中继续保留，不执行物理删除操作。

三、基础地理实体元数据

基础地理实体数据是新型基础测绘产品体系的重要组成部分，也是新型基础测绘体系建设的重要内容之一。其作为各应用部门信息共享交换的关联纽带，是各部门信息资源汇聚共享的统一空间基准，具有共享和重复利用的价值。

基础地理实体元数据是关于地理实体数据的描述性信息，用于描述和标识基础地理实体元数据的内容、属性和质量等特征。随着信息技术的发展，元数据在数据描述、数据索引、数据发现、数据转换、数据管理和数据使用等方面得到了越来越广泛的应用。

基础地理实体数据主要由二维图元、三维图元（实景三维、模型三维）构成，因此，基础地理实体数据的元数据也由二维图元元数据、实景三维模型元数据、模型三维元数据三个部分组成。下面将分别针对这三类元数据来详细说明所包含的标识信息、空间参考信息、生产信息、质量信息和分发信息内容。

（一）二维图元元数据

1. 二维图元元数据的标识信息

二维图元元数据的标识信息包括：产品名称、产品生产日期、产品版本、数据格式、产品范围、数据面积、密级。其中，产品版本是指数据成果的版本号，通常包含生产年份信息；数据面积是指数据所覆盖的面积，单位为平方米，精确到小数点后两位；密级是指成果保密程度的等级。

2. 二维图元元数据的空间参考信息

二维图元元数据的空间参考信息包括：所采用的大地基准、地图投影名称、中央子午线、分带方式、高斯－克吕格投影带号、坐标单位、高程系统名、高程基准。其中，所采用的大地基准是指成果采用的坐标系统，例如 2000 国家大地坐标系；中央子午线是指成果所采用的地图投影中央子午线；高程系统名是指成果所采用的高程体系，分为正高、正常高和大地高程等系统。

3. 二维图元元数据的生产信息

二维图元元数据的生产信息包括：主要数据源、数据采集方法及仪器、产品更新日期、更新资料源、更新的作业单位、更新的航摄日期或卫星时态、作业人员、检查人员、更新人员、技术负责人。其中，主要数据源是指生产使用的主要数据源类型名称，有多项数据来源时，按照数据的主次顺序排列，并用“/”隔开；数据采集方法及仪器是指数据生产（或更新）使用的主要方法以及所使用的设备，方法和仪器之间使用“，”隔开。

4. 二维图元元数据的质量信息

二维图元元数据的质量信息包括：平面位置中误差、高程中误差、属性精度、逻辑一致性、完整性、结论总分、数据质量检验评价单位、数据质量评检日期、数据质量总评价。其中，平面位置中误差是指成果经检测得出的平面位置中误差值，单位为 m，精确到小数点后两位；高程中误差是指成果经检测得出高程中的误差值，单位为 m，精确到小数点后两位；逻辑一致性是指对数据结构、属性及关系的逻辑规则的遵循程度。

5. 二维图元元数据的分发信息

二维图元元数据的分发信息包括：产品所有权单位名称、产品生产单位名称、产品出版单位名称。

（二）实景三维模型元数据

1. 实景三维模型元数据的标识信息

实景三维模型元数据的标识信息包括：产品名称、产品生产日期、产品版本、数据格式、产品范围、数据面积、数据量、平均航高、平均速度、地面分辨率、密级。其中，数据量是指成果数据的存储容量，单位为 GB；平均航高是指本次航摄所采用的平均航高，单位为 m；平均速度是指本次航摄时的平均航速，单位为 m/s；地面分辨率是指成果数据的影像成果每个像素点所对应的地面尺寸，单位为 m，精确到小数点后两位。

2. 实景三维模型元数据的空间参考信息

实景三维模型元数据的空间参考信息包括：所采用的大地基准、地图投影名称、中央子午线、分带方式、高斯－克吕格投影带号、坐标单位、高程系统名、高程基准。

3. 实景三维模型元数据的生产信息

实景三维模型元数据的生产信息包括：主要数据源、数据采集方法及仪器、产品更新日期、更新资料源、更新的作业单位、更新的航摄日期或卫星时态、外业人员、内业人员、检查人员、更新人员、技术负责人。

4. 实景三维模型元数据的质量信息

实景三维模型元数据的质量信息包括：像控点个数、检查点个数、实景三维模型平面精度、实景三维模型高程精度、西边接边状况、北边接边状况、东边接边状况、南边接边状况、平面位置中误差、高程中误差、属性精度、逻辑一致性、完整性、接边质量评价、结论总分、数据质量检验评价单位、数据质量评检日期、数据质量总评价。其中，像控点个数是指成果所使用的像控点密度信息，单位为个 /km^2；检查点个数是指成果所使用的检查点密度信息，单位为个 /km^2；实景三维模型平面精度是指成果经检测得出的平面精度，单位为 m ；实景三维模型高程精度是指成果经检测得出的高程精度，单位为 m。

5. 实景三维模型元数据的分发信息

实景三维模型元数据的分发信息包括：产品所有权单位名称、产品生产单位名称、产品出版单位名称。

（三）模型三维元数据

1. 模型三维元数据的标识信息

模型三维元数据的标识信息包括：产品名称、产品生产日期、产品版本、数据格式、产品范围、数据面积、数据量、密级。

2. 模型三维元数据的空间参考信息

模型三维元数据的空间参考信息包括：所采用的大地基准、地图投影名称、中央子午线、分带方式、高斯－克吕格投影带号、坐标单位、高程系统名、高程基准。

3. 模型三维元数据的生产信息

模型三维元数据的生产信息包括：主要数据源、产品更新日期、更新资料源、更新的作业单位、更新的航摄日期或卫星时态、影像采集人员、模型制作人员、检查人员、更新人员、技术负责人。

4. 模型三维元数据的质量信息

模型三维元数据的质量信息包括：模型三维平面精度、模型三维高程精度、西边接边状况、北边接边状况、东边接边状况、南边接边状况、逻辑一致性、完整性、接边质量评价、结论总分、数据质量检验评价单位、数据质量评检日期、数据质量总评价。

5. 模型三维元数据的分发信息

模型三维元数据的分发信息包括：产品所有权单位名称、产品生产单位名称、产品出版单位名称。

第二节　存量数据转换基础地理实体数据

一、数据生产流程

存量数据转换基础地理实体是以基本比例尺数字矢量地图（DLG）数据为主要数据源转换生产基础地理实体数据，具体生产作业流程包括源数据收集分析、源数据预处理和数据转换编辑三个环节。

（一）源数据收集分析

源数据收集分析环节包括收集、整理用于转换基础地理实体的 DLG 数据及各类辅助参考数据集，并综合分析各类数据集的特性，规划每一类数据的最适宜用途。

（二）源数据预处理

源数据预处理环节是对数据源进行规范化、标准化处理。

（三）数据转换编辑

数据转换编辑环节是DLG转换基础地理实体作业流程的核心，首先配置基础地理实体数据库结构，然后制作DLG要素与基础地理实体图元映射表，再对源数据进行转换编辑，生产出符合要求的基础地理实体数据。

二、数据转换编辑

对存量源数据进行收集、分析和预处理后，即可获得满足转换基础地理实体要求的源数据，然后通过数据转换规则制定、数据转换和转换后处理等环节，可得到最终的基础地理实体数据。

（一）数据转换规则制定

数据转换规则制定主要包括建立基础地理实体数据库结构，以及制作DLG与基础地理实体图元映射表。建立基础地理实体数据库结构依据国家新型基础测绘建设武汉试点地理实体数据规范（以下简称“地理实体数据规范”）的内容与要求，创建基础地理实体所有数据图层与数据库结构，以便转换后的数据能够规范存储；制作DLG与基础地理实体图元映射表，是规范数据转换过程中DLG要素的图形、属性信息与基础地理实体图元的对应关系（其中，图形的对应关系规定为图层映射规则，属性信息的对应关系规定为语义映射规则），方便利用程序进行批量化、自动化的转换处理。

图层映射规则用于明确源图层与目标图层之间的对应关系，以及源图层转换至目标图层的过滤条件。通过图层映射规则，依据过滤条件，将DLG源图层数据转换至基础地理实体目标图层中。以国家新型基础测绘建设武汉试点实践为例，DLG中依比例尺和不依比例尺的围墙、栏杆等要素，图层为RFCL，对应的要素编码分别为“373070”“373080”“374010”等，它们与房屋地理实体中的围墙、栏杆地理实体对应，目标图层为G_JMD_YSGZW_L。

语义映射规则用于规范源数据与目标数据之间属性字段及其值的映射关系，该规则主要分为通用字段映射规则和专有字段映射规则。通用字段映射规则适用于所有目标图层，专有字段映射规则适用于某一具体的目标图层。字段映射取值有三种形式：①源字段映射，从源数据的属性字段直接取值，并映射到目标数据的相应字段中；②固定值填写，直接在目标数据字段中填写固定的取值，如图元编码；③属性字典映射，根据属性字段映射关系涉及的属性字典取值，并映射到目标数据的相应字段中。

在语义映射规则中，目标图层记录地理实体图元的图层名，目标字段记录地理实体图元的属性字段，取值方式记录字段映射取值的具体方式。以国家新型基础测绘建设武汉试点实践为例，DLG 中“一般房屋”要素的图层为 RESA，按语义对应规则，它对应的“房屋”地理实体构件图元图层为 GJ_JMD_FW_A，其要素编码字段值可从“一般房屋”的要素编码直接映射到“房屋”地理实体构件图元的要素编码字段，这是字段映射取值方式中的“源字段映射”；“房屋”地理实体构件图元的图元编码字段值依据地理实体数据规范统一填写为“01010100A02”，这是字段映射取值方式中的“固定值填写”；“房屋”地理实体构件图元的类型字段值根据源数据“一般房屋”要素，并参考地理实体数据规范中的字典值填写为“01”，这是字段映射取值方式中的“属性字典映射”。

（二）数据转换

依据 DLG 要素与基础地理实体图元的图层和语义映射表，以及基础地理实体数据库结构，可以将部分 DLG 要素直接批量转换为基础地理实体图元。

此外，由于 DLG 要素内容与基础地理实体的内容并非完全对应，部分 DLG 要素并无对应的基础地理实体，如等高线、高程点、注记等要素，所以这部分要素无法参与转换基础地理实体图元，但为了能够满足从基础地理实体数据库中派生 DLG 的应用需求，可保留这部分 DLG 要素原有的属性结构和空间表达内容，单独作为制图要素数据集，保存到基础地理实体数据库中，以便基于基础地理实体数据库定制派生地图产品。

（三）转换后处理

由于基础地理实体对几何类型、语义属性和关联关系等方面均有特定的要求，与 DLG 要素本身的图形表达和语义属性存在较大差异，且 DLG 要素彼此之间不存在关联关系，因此在 DLG 要素批量转换为基础地理实体图元数据后，还需要对不满足基础地理实体数据要求的图元几何表达、语义属性与关联关系进行编辑，主要包括图形编辑、属性编辑、图元关联三个部分，通过这三个方面的编辑处理，便可形成符合数据规范要求的基础地理实体数据。

1. 图形编辑

图形编辑是按照基础地理实体图元的几何图形设计要求，将 DLG 中参与表达基础地理实体但无法直接转换生成基础地理实体图元的要素，通过数据加工处理，得到能够真实、完整地表达地理实体的空间位置、范围和形态的图元。如将 DLG 中的一般房屋、突出房屋、简易房屋等房屋类要素，按照不动产登记自然幢的权属范围或建筑信息调查的房屋范围合并为一个面，作为房屋地理实体的根图元。在 DLG 转换基础地理实体转换流程中，常见的图形编辑处理主要包括图形勾绘、按属性合并、跨图层合并、线切割、按线构面、提取中心线、线续采、构建外包面等。

2. 属性编辑

属性编辑是按照基础地理实体图元的属性规范要求，结合并参考各类辅助数据，对经过 DLG 批量转换基础地理实体和图形编辑后得到的基础地理实体图元数据的属性信息进行补充和完善，得到能够真实、完整表达地理实体的属性数据。属性编辑工作主要分为两种，一种是批量赋值，如通过房屋地理实体根图元与不动产登记自然幢或建筑信息调查等数据的空间位置关系，将后者的建筑名称批量赋值给房屋地理实体根图元的地理实体名称字段；另外一种是人工赋值，对利用现有数据无法自动赋值的属性信息，采用影像判读、外业调查等方式进行属性补充，如用地与院落地理实体的名称属性字段，可通过全景影像判读填写。

3. 图元关联

图元关联是对同一基础地理实体的多个图元，通过空间、逻辑等关系自动或半自动地赋予相同的地理实体标识码，即地理实体编码，完成地理实体的构建。

三、转换示例

在国家新型基础测绘建设武汉试点项目实践中，试点承建单位按照普适性、实用性、灵活性、开放性、扩展性和安全性等原则，研发了以DLG为主要数据源的存量数据转换基础地理实体软件平台，主要包括源数据质量检查、要素与图元映射关系管理、批量转换、数据编辑等功能模块，在武汉试点100km^{2}试验区的基础地理实体数据生产中得到了应用，并计划在武汉全市域8 569km^{2}的基础地理实体数据生产中广泛应用。下面结合武汉试点生产实践选取房屋、城市道路的转换示例，详细阐述存量数据转换基础地理实体的具体过程。

（一）房屋基础地理实体生产示例

按照地理实体数据规范的相关要求，房屋地理实体的二维图元包括一个根图元和若干构件图元，前者表示房屋地理实体的权属基底，需要依据不动产登记自然幢、建筑信息调查等数据进行生产编辑；后者则主要表示房屋的局部构成部分以及附属物信息，可直接由DLG中的对应要素直接转换生产。

房屋基础地理实体图元的属性包括基本属性和专有属性两个部分。基本属性是所有基础地理实体图元都有的属性项，如图元标识码、图元编码和图元名称等；专有属性则是根据各个基础地理实体图元表达内容和特征的不同，规定的特定属性字段。

1. 源数据收集与分析

由存量数据转换生产房屋基础地理实体的主要数据源为DLG数据中的一般房屋、突出房屋、飘楼、阳台等房屋类要素，辅助参考数据有不动产登记自然幢数据、建筑调查数据等。从数据来源、法定性、特性、用途和数据优先级等方面，对主要数据源和辅助参考数据进行分析。

主要数据源可直接转换为房屋基础地理实体的对应构件图元，但其根图元的几何形状为了表达实际房屋权属的独立性与完整性，需要参考不动产登记自然幢数据和建筑调查数据来生产，当这两种数据不一致时，优先采用不动产登记自然幢数据；而房屋类要素的属性信息则可以通过语义映射规则批量赋值到房屋基础地理实体图元的相应字段中。

2. 制作映射表

制作房屋基础地理实体图元与 DLG 要素映射表，规范数据转换过程中 DLG 要素的图形、属性信息与基础地理实体图元的对应关系。

3. 生产房屋基础地理实体构件图元

根据房屋基础地理实体构件图元与 DLG 映射表，将 DLG 数据直接批量转换为对应的房屋基础地理实体构件图元，构件图元的“类型”“结构”字段可根据相应的属性字典映射关系赋值，“地上层数”和“架空层数”可通过源字段映射赋值，顶部高程和底部高程可分别利用 DSM 和 DEM 数据，由程序工具自动批量赋值。

4. 生产房屋基础地理实体根图元

（1）图形来源

将房屋基础地理实体构件图元（GJ_JMD_FW_A）中图元名称为第五立面（屋顶面）的图形，导入房屋面根图元所在图层（G_JMD_FW_A），作为图形基础。

（2）图形处理

考虑到 DLG 房屋类要素精度高但不体现权属信息，而不动产登记自然幢或建筑调查数据精度低但包含权属信息，因此，房屋基础地理实体根图元的图形处理原则为：每一个不动产登记自然幢或建筑调查图形对应一个房屋基础地理实体根图元，对落入同一自然幢的房屋基础地理实体构件图元进行图形合并，形成一个完整的房屋基础地理实体根图元。

（3）具体图形编辑

具体图形编辑步骤如下：①以不动产登记自然幢数据为依据，通过空间关系自动判断属于同一个自然幢的多个房屋地理实体构件图元，然后将其合并为一个面，作为房屋地理实体根图元（表现为房屋基底面，不包括阳台、雨罩、檐廊、挑廊、廊房等，破坏房屋不参与合并）。②不动产登记自然幢数据尚未覆盖的范围，将建筑调查数据作为生产房屋基础地理实体根图元的参考依据，方法与步骤①相同。③删除代表地下建筑出入口、公交车站、地铁出入口的棚房。

（4）属性填写

基础地理实体名称：将建筑名称作为基础地理实体名称属性填写，参考 DLG 数据文字注记、不动产登记自然幢数据等，并结合互联网地图查询搜索与实地调查的相关情况填写。

地址：通过院落的“地址”字段进行挂接，同一个院落内的房屋地址相同。院落的“地址”来源于不动产登记宗地数据的坐落、建筑基础调查的地址及互联网地图的查询结果等。

所有者 / 主要管理者：通过院落的“所有者 / 主要管理者”字段进行挂接，同一个院落内的房屋所有者相同。院落的“所有者 / 主要管理者”来源于不动产登记宗地数据中的“权利人”。

产生时间：产生时间代表房屋基础地理实体建筑竣工年代，采用建筑基础调查数据中的建筑年代属性字段。产生时间字段为年月日 8 位的日期型，如“19991231”。基础地理实体分类码、图元名称、图元编码，按照基础地理实体数据规范对应填写，房屋基础地理实体根图元的基础地理实体分类码为“01010100”，图元名称为“房屋”，图元编码为“01010100A01”。

测取时间、存续时间：测取时间按 DLG 要素中的测取时间自动批量填写；如果根图元是由多个不同测取时间的构件图元合并生成，根图元的测取时间采用其中最早的测取时间。存续时间填写数据生产的当前时间。

建筑结构：建筑结构由参与构成根图元的相关构件图元建筑面积值来确定。首先，计算构件图元的建筑面积，即构件图元的几何面积与“地上层数”字段值的乘积。然后，挑选建筑面积值最大的构件图元建筑结构作为根图元的建筑结构属性值。如果挑选出建筑面积最大的构件图元为简易房屋、棚房、破坏房屋、建筑中的房屋等，则根图元无须填写建筑结构。

建筑层数：与建筑结构赋值步骤相似，将建筑面积最大的构件图元的“地上层数”字段值作为根图元的“建筑层数”属性值。

建筑状态：建筑中的房屋填“02”（在建），拆迁区范围内的填“03”（待拆），其他已建成的填“01”（已建成）。

其他属性字段：依据建筑调查数据中的建筑用途、外形特征、行政区属、建筑年代属性字段来对应赋值。若建筑状态为02，则建筑用途、外形特征、建筑年代不填写。

图元关联：根据空间关系识别同一房屋地理实体的房屋根图元与第五立面（屋顶面），第五立面（屋顶面）与其邻接的廊房、飘楼、雨罩、阳台等房屋构件图元，并赋相同的地理实体标识码，实现同一房屋地理实体的多个图元关联。

（二）城市道路基础地理实体生产示例

1. 源数据收集分析

由存量数据转换生产城市道路基础地理实体的主要数据源为DLG数据中的轨道交通、道路边线、道路中心线等要素，辅助参考数据有道路全息采集数据、遥感影像数据等。从数据来源、法定性、特性、用途和数据优先级等方面，对主要数据源和辅助参考数据进行分析。

DLG中城市道路相关要素的格式为dwg，几何类型为线，图层为LRCL和LRDL，其中，LRCL主要表示轨道交通线和道路中心线，LRDL主要表示道路边线。

高架路、快速路、街道主干道等要素的中心线可直接转换为路段基础地理实体的主体图元，其边线需要结合道路全息采集数据和遥感影像数据构面，作为对应基础地理实体的根图元。如果地形图要素、道路全息采集数据和遥感影像数据存在不一致的情况，则根据数据源的平面精度高低，按照优先级从高到低依次参考道路全息采集数据、地形图要素和遥感影像数据；高架路、快速路、街道主干道等要素的属性信息可以通过语义映射规则批量赋值到城市道路基础地理实体图元的相应字段中。

2. 制作映射表

制作城市道路基础地理实体图元与DLG要素映射表，规范数据转换过程中DLC要素的图形、属性信息与基础地理实体图元的对应关系。

3. 生产轨道交通根图元、路段主体图元

根据轨道交通根图元及路段主体图元与 DLG 要素映射表进行数据转换,将 DLG 相应的要素图形与属性直接转换为对应的轨道交通根图元及路段主体图元。

4. 生产路口根图元、路段根图元及人行道根图元

（1）图形来源

以 DLG 中快速路、街道主干道、街道次干道等要素的道路边线为主要数据源，以道路全息采集数据为辅助数据生产路口根图元及路段根图元。

（2）图形处理

路口根图元：找到 DLG 中街道主干道、街道次干道等要素边线数据中两条或多条道路的交叉口位置。从道路边线曲率发生变化的地方开始，绘制出交叉路口的封闭面。

路段根图元：两个交叉路口之间的部分为路段，利用路口面和 DLG 中的街道主干道、街道次干道等要素边线绘制路段根图元。DLG 中的街道主干道、街道次干道等要素边线围成的“喇叭口”区域应不包含在路段根图元中。

人行道根图元：城市道路根图元同用地与院落根图元之间的封闭区域作为人行道根图元，保证地表无缝覆盖。

（3）属性填写

路口根图元：①道路名称。按从北到南，顺时针填写出与该路口空间相接的道路名称并以英文半角逗号隔开，如“青年路，北湖西路，淮海路”。②测取时间、存续时间。测取时间与 DLG 中道路边线要素的测取时间保持一致。存续时间填写数据生产的当前时间。

路段根图元：①道路名称。根据 DLG 中道路中心线要素的名称字段人工填写路段的道路名称。②路段面积。采用路段根图元的面积赋值，保留两位小数。③测取时间、存续时间。测取时间与 DLG 中道路边线要素的测取时间保持一致。存续时间填写数据生产的当前时间。

（4）图元关联

路段主体图元与对应的路段根图元标记为同一基础地理实体，同一

路段基础地理实体的根图元和主体图元基础地理实体标识码相同。

5. 生产城市道路根图元及主体图元

（1）图形来源

城市道路根图元为一条完整的道路面，数据来源为路段根图元与路口根图元。城市道路主体图元为一条完整的道路中心线，数据来源为路段主体图元。

（2）图形处理

城市道路根图元：合并同一条道路所有路口根图元与路段根图元。

城市道路主体图元：连接同一条道路所有路段主体图元。

（3）属性填写

城市道路根图元：道路面积依据根图元的图形面积赋值，保留两位小数。

城市道路主体图元：①长度。依据主体图元的图形长度赋值，保留两位小数。②平均宽度。由城市道路根图元的道路面积值除以其主体图元的长度值，结果保留两位小数。

（4）图元关联

通过将城市道路地理实体的根图元和主体图元赋予相同的地理实体标识码实现图元关联。

第三节 全息数据生产基础地理实体数据

一、全息数据生产基础地理实体流程

全息数据生产基础地理实体流程主要包括源数据采集、源数据预处理、数据库配置、图元采集、图元检查、图元关联和成果检查。

（一）源数据采集

不同类型的数据有不同特点，适用于不同类型基础地理实体的生产。为满足全息数据生产基础地理实体需要，需依据相关数据采集规范，采

集生产基础地理实体所需的倾斜影像和激光点云等数据。

（二）源数据预处理

对采集到的源数据进行数据融合、模型构建，生成高精度、全覆盖、无遮挡的三维模型，以便基于该模型进行基础地理实体生产。

（三）数据库配置

按照基础地理实体图层、编码及属性等规范，创建遵循标准规范的基础地理实体库（生产库），进行图层配置、字段配置与字典设置，以保证后续基础地理实体的生产满足规范要求。

（四）图元采集

在基础地理实体生产平台中，依照各类基础地理实体图元采集规则，自动或半自动采集点、线、面、体图元，并进行属性挂接或录入。

（五）图元检查

对采集到的图元进行图形检查、属性检查与逻辑一致性检查。

（六）图元关联

按照基础地理实体的组成关系规范，依据图元的空间关系，将同一基础地理实体对应的若干图元予以关联。

（七）成果检查

检查基础地理实体的空间位置精度、属性、拓扑关系等内容。

二、倾斜模型数据采集与处理

（一）航摄准备

为保证模型成果的完整性，航摄范围应按照 10% ~ 20% 比例进行外扩，针对不规则区域，外扩比例需适当放大。根据区域范围线，同时考虑加密方法和布点方案的要求，对航摄范围进行分区，航线根据摄区的走向而定。

为保证成果质量，摄影相片航向重叠度不低于 80%，旁向重叠度不低于 70%。相片倾斜角一般不大于 2°，个别最大不超过 4°；相片旋偏角不大于15°，在确保航向、旁向重叠度满足要求的情况下，倾斜角不大于25°；航线弯曲度一般不大于1%；航高保持同一航线上相邻相片的航高差不大于30 m，最大航高与最小航高之差不大于50 m，实际航高与设计航高之差不大于设计航高的5%。

进入摄区飞行前，要组织飞行员和摄影员进行航线设计，了解摄区范围、地形、天气状况；查看天气和星历是否满足飞行的要求；检查系统中存储设备容量能否满足满架次飞行存储要求；检查航摄系统中各项参数设置是否正确。

（二）航摄实施

基站布设以连续运行参考站（CORS）站点为主，航摄前，应按照CORS管理中心提供的有关参数对手簿控制器或主机及通信模块进行设置。在测区与相距最近且可用的CORS站点之间超过20 km范围时，应采取人工架设GPS地面基站，地面基站要充分利用已知点位，以保证飞行时POS的精度与可靠性；每个基站应做明显和固定标记，以便后期检核。

航摄影像应清晰、层次丰富、色调柔和、反差适中，相同地物的色彩基调基本一致，能辨别出与地面分辨率相适应的细小地物。

航摄完毕，需要进行飞行质量和数据质量检查，以确定是否补摄或重摄，并及时反馈给机组人员。检查内容包括基站数据检查、机载全球导航卫星系统（GNSS）数据检查以及预处理精度检查。

1. 基站数据检查

下载所有观测记录数据，检查各记录的原始数据是否存在异常，分析该数据是否可以用于后处理，保存原始观测数据。

2. 机载GNSS数据检查

若发现GNSS数据有失锁现象发生，查找失锁发生的区间，并对该数据质量进行评价分析，确定因失锁导致数据不完整而需要对测区进行补摄的范围。

3. 预处理精度检查

进行差分GNSS预处理计算，检查观测质量和解算精度，分析成果是否满足后处理要求，确定是否需对测区进行补摄以及补摄的范围。

（三）控制测量

1. 像控点布设

鉴于航摄影像数据量巨大，以及处理海量影像数据受制于计算机设备的存取速度、运算速度等原因，通常根据测区范围，先对整个测区进行分区，后对分区进行空三加密、实景三维建模，像控点的布设须充分考虑空三加密分区。

各个分区的分界线大致与航线平行，分区内部均匀布设一定数量的像片控制点。为保障数据成果精度，平均每平方千米布设约 5 个像片控制点。对于房屋顶部结构等特殊的区域，应相应地增加控制点。另适当均匀布设若干平高检查点，以检测和评定机载倾斜空中三角测量精度。

像片控制点应该选择在航摄像片上影像清晰、目标明确的像点，实地选点时，也应考虑侧视相机是否会遮挡。对于弧形地物、阴影、狭窄沟头、水系、高程急剧变化的斜坡、圆山顶、跟地面有明显高差的房角、围墙角以及航摄后有可能变迁的地方，均不应布设像片控制点。目标若成像不清晰、与周围环境色差小、与地面有明显高差的目标，会影响空三刺点误差，不能作为像控点。

若采用倾斜空三加密技术，受高层建筑影响，在满足布点方案的前提下，为提高城区三维模型高程精度并便于成果检测，在测区内，沿主干道路每隔 500m 布设像片控制点，点位选择在明显地面标线角点布设，没有明显标志物的空旷地需要喷涂标靶并编号。

2. 像控点测量

通常采用网络实时动态载波相位差分（RTK）技术完成像控点测量，获取像控点平高坐标。为记录像控点与周边特征地物的相对位置关系，便于刺点，通常需要野外拍摄像控点所在区域的照片，一张描述不够时，可拍摄多张照片。像控点外业观测及拍照完成以后，应及时填写记录、画草图。

3. 像控点整饰

根据相片草图制作数字化草图，注记点名或点号，简要说明点位位置，并绘出局部放大的详细点位略图，内业判点以说明为准。

（四）倾斜三维建模

利用自动化建模技术进行倾斜三维建模，真实还原地物的空间位置、形态、颜色和纹理，常用的倾斜三维建模软件包括 ContextCapture、瞰景、PIX4D、PhotoScan 等。自动化建模技术主要包括空中三角测量、密集匹配、TIN 网构建、纹理自动映射、质量检查等步骤。

1. 空中三角测量

（1）资料准备

倾斜空三应准备好所需的资料，如航摄仪检校参数、航摄影像数据、像片控制测量成果、控制布点略图、机载 GNSS 观测数据等。空三加密前，应设计好加密分区，必要时可合并相邻区域进行统一平差，减少加密接边，提高整体精度。

（2）POS 数据解算

对 POS 数据进行差分处理，获取厘米级高精度 POS 数据，并将 POS 数据的 WGS84 坐标系转换为成果数据对应的目标坐标系。

（3）空三解算

通过辅助 POS 系统提供的多视影像外方位元素，对影像进行地物要素同名点匹配和自由网平差，建立要素连接点、控制点坐标、云台辅助数据的自检校区域网平差方程，通过联合解算获取空三解算成果。

2. 密集匹配

根据空三解算成果，分析与选择合适的影像匹配单元，进行特征匹配和逐像素级的密集匹配，生成基于影像的高密度点云。

3.TIN 网构建

将倾斜摄影的影像经过空三处理、影像匹配、生成密集点云后，可构建 TIN 网（不规则三角网），优化不合理的三角网表面，生成白模三维模型。如采用混合航摄仪或有同区域激光点云数据，可将生成的密集点云与激光点云规划到统一坐标系下，融合处理，多种点云融合可提高建模精细度，修补影像因遮挡带来的点云漏洞问题。

4. 纹理自动映射

对 TIN 网模型自动纹理映射，建立地物几何信息与纹理信息的对应关系，同时进行整体匀光匀色处理，以此生成倾斜真三维模型。

5. 质量检查

绝对定向时基本定向点残差、检查点误差和区域网间公共点较差的各项限值不超过《数字航空摄影测量—空中三角测量规范》(GB/T 23236—2009) 要求的精度指标。

计算过程中出现检查点坐标超限或错误时，应认真检查定向和相对定向精度、像点连接、控制点起始数据和转点精度，仔细分析找出原因后进行正确处理。

（五）倾斜三维模型整饰

绝大多数情况下，纹理映射完成后生成的三维模型数据已可直接使用，但由于同名点无法精确匹配或者镜面倒影对同名点造成干扰等因素，自动生成的倾斜三维模型在镜面（如水面、玻璃等）材质部分、细小地物部分存在一定的偏差，因而在构造基础地理实体前，需对自动生成的三维模型的局部进行修饰，并去除一些无关要素，确保场景的完整和整洁。主要修饰对象为居民地及其附属设施、交通、水系、植被等，此外还包括边界修补。

1. 整饰要求

对于悬浮物、破洞、拉花、扭曲、结构模糊、效果不佳等错误进行修改，最终输出的合格的三维模型成果应满足以下条件：①三维模型整体结构和纹理完整、准确，分块接边无错位断层；②河流、湖泊、水面相对平整，无明显坑洞、隆起和错位断层等，水面高度与水岸线大致齐平；③主要建筑（在建及临时建筑除外）立面结构完整，纹理清晰；④路面相对平整，无明显坑洞、隆起和错位断层，主干道上的车、非成片悬浮树木应抹平，保持道路整洁；⑤无悬浮面片，可辨识地物类型的悬浮物（如完整树冠、灯塔、电塔、路灯等）可保留；⑥建筑物只修饰建筑外墙，对于外挂幕墙、保温层、装饰墙等部分不做修饰。

2. 整饰操作流程

修饰主要包括压平、去除悬浮物、补洞等操作，在完成这些操作后，通过半自动方式对修饰区域进行纹理映射，即可获得完整、清晰的倾斜三维模型（对于破损严重，无法修饰地物，采用单体化方式进行重建）。

（1）压平

压平主要用于道路、水体崎岖不平等场景，也可用于修饰道路上汽车，把汽车压平后，替换为道路纹理。

（2）去除悬浮物

去除悬浮物主要用于删除没有匹配好的离散点、过于精细无法匹配出来的细长构造物等。

（3）补洞

补洞主要用于对选择的范围进行对应的修补破面操作。

（4）边界修补

边界修补应保证模型接边处过渡平滑，纹理流畅，无明显高程落差；区域范围内数据完整，边界无明显缝隙或重叠。

3. 整饰内容

倾斜三维模型具有地物顶部、侧面等多空间表达细节特征且纹理精细程度高，对模型还原近似性强，属于 LOD3 级别模型，但在实际数据整饰过程中，应结合模型是否需要高清细节表达、时间与效率、需求与效益是否匹配等因素，将居民地、交通、水系、植被这四种主要整饰要素细分为 A 级（精细模型）、B 级（标准模型）和 C 级（框架模型）三种级别，每种级别规定不同的细节表达程度。

（1）居民地及其附属设施模型

A 级（精细模型）：在场景中有明显标示作用的百货大楼、大型商业广场、商业街、体育馆、大型酒店、火车站、飞机场、政府机关大楼、著名景区内建筑、文物古迹等建筑。

B 级（标准模型）：除 A 级以外，四车道及以上道路两旁的建筑，内部成片小区（9 层以上、别墅区）、校门、小区大门、大型市场大门等。

C 级（框架模型）：除 A、B 以外的其他建筑。

A 级建筑原则上要求单体化精细建模；场景内 B 级建筑结构扭曲、

破损、缺失范围大于30%时，靠修饰很难达到理想模型效果，可直接利用单体化建模来替换。场景内单栋建筑结构扭曲、破损、缺失范围小于30%可结合实景修饰进行快修或精修编辑处理；场景内C级非重点区域建筑，如村庄、工地建筑、荒废建筑，可不进行修饰处理。

建筑物及其附属设施主要包括门顶、雨罩、檐廊、阳台、挑廊、悬空通廊、门墩、天井、建筑物前汽车坡道、无障碍通道、柱廊等。长、宽、高任一维度大于0.5 m，则需要修饰，反之无须修饰。

（2）交通实体模型

交通实体模型主要表达道路、桥梁、交通轨道以及道路两侧的交通附属设施的空间分布情况，同时反映交通相关要素的空间位置、几何形态以及其外观效果等，保证道路平整无凹凸起伏，路面纹理标志清晰，颜色统一。

交通实体模型主要包括：①支干道，又叫支路、街坊道路，通常是各街坊之间的联系道路，支路应为次干路与街坊路的连接线，解决局部地区交通，以服务功能为主。②次干道，又叫区干道，为联系主要道路之间的辅助交通路线。次干道是城市的交通干路，以区域性交通功能为主，兼有服务功能。与主干路组成路网，广泛连接城市各区与集散主干路交通。③主干道，又叫主干路，应为连接城市各主要分区的干路，以交通功能为主。当非机动车交通量大时，宜采用机动车与非机动车分隔形式，如三幅路或四幅路。主干路两侧不应设置吸引大量车流、人流的公共建筑物的进出口。④快速路，应为城市中大量、长距离、快速交通服务。快速路对向车行道之间应设中间分车带，其进出口应采用全控制或部分控制。快速路两侧不应设置吸引大量车流、人流的公共建筑物的进出口，两侧一般建筑物的进出口应加以控制。

其中，快速路的划分标准包括：①设置中央隔离带，将对向车辆完全隔开。②禁止机动车与非机动车、摩托车、行人混行。③双向四车道以上，限速60 ~ 100 km/h（高速路市郊部分可能为120 km/h）。④控制出入口间距，与其他主干道、次干路和支路保持相对独立。⑤没有或极少平面交叉口（前提是不影响快速路的整体畅通），与其他高速路、铁路或其他大型交通线等必须采用立体交叉分离。

A 级（精细模型）：表达快速路。

B 级（标准模型）：表达主干道。

C 级（框架模型）：表达次干路和支路。

A 级道路的附属设施，如路灯、路牌等，应保证模型清晰完整，真实还原道路原貌；B 级道路若无特殊要求，无须处理，严重破损处需要制作模型或利用模型库添加来完成对应的种植工作；C 级道路可以无须处理。

应注意的是，场景内大范围的色差根据需要、用户需求结合提供的数字正射影像图（DOM）来对应替换。

三、智能处理关键技术

为了最大限度地从多模态全息数据中获取对基础地理实体构建有用的信息，需要综合利用人工智能、深度学习等智能化处理技术，探索多平台点云数据、多源异构数据的智能融合技术，实现空天地、室内外一体化处理。在融合全息数据的基础上，需结合人工智能、云计算、大数据技术实现二维和三维场景数据中地理要素的自动化或半自动化采集，全面提升基础地理实体采集与构建的智能化水平。

全息数据包括空中、地面、地下、室内、室外等空间位置的影像、点云等结构化、半结构化、非结构化的多模态数据，其在数据维度、数据精度、表现形式等方面存在较大差异，致使数据高精度融合与地物要素智能提取面临巨大挑战。现有方法大多基于单一模态数据提取地理要素，存在场景特征表达能力弱、对象化和语义化困难、泛化能力不足等局限，急需实现融合多模态数据的基础地理实体智能化采集。

为此，国家新型基础测绘建设武汉试点专班联合武汉大学的教授团队，从多平台点云数据智能融合、多源异构数据智能融合及典型地物要素智能提取等方面，开展了系列研究，提出了系列创新理论与技术方法。

（一）多平台点云数据智能融合

由于单一平台的激光扫描系统观测范围、观测视角有限，为了获取大规模城市场景全方位的空间信息，需要进行多平台激光扫描系统（如机载、车载、架站式、便携式等）协同观测和多平台数据的高精度融合，以弥补单一视角、单一平台带来的信息缺失问题，实现大范围城市场景完整、精细的数字现实描述，为基础地理实体生产提供高质量的数据支撑。

由于多平台激光点云数据的位置精度、点云密度、观测视角等各有不同，对特征精细刻画、同名特征鲁棒匹配、映射模型优化等提出了更高的要求。

国家新型基础测绘建设武汉试点专班提出了一种层次化多平台点云高精度融合方法，提高了多平台点云融合的精度和效率，充分发挥了多平台点云数据在基础地理实体生产中的作用。该方法主要包括多平台点云位姿图构建、位姿图局部优化和位姿图全局优化 3 个核心步骤。

1. 多平台点云位姿图构建

多平台点云位姿图构建的主要目的是粗略地建立起多平台点云（如机载、车载、架站式、便携式等）之间的相对位置关系，为后续的局部和全局优化提供基础，具体步骤如下。

为满足多平台点云之间刚性变换的假设，采用时序分块方法将点云分割为更小的单元。以机载点云为例，对于单条航带的机载点云，根据轨迹提供的航行速度和人为设定的分段距离，计算出点云块时间间隔，并由此进行点云分块。车载点云和便携式点云按照与机载点云相同的方式进行分块。

为高效获得多平台点云数据之间的邻接及重叠关系，应首先读取 las 格式点云的头文件，得到点云包围盒信息，并由此计算包围盒中心，得到多平台点云包围盒图。

将各点云块（站）按照采集平台类别分为四类节点（地面站点云、机载点云、车载点云、背包点云），每个节点代表着相应点云块（站）的位姿变量。对于位姿图，可以规定两类约束：重叠配准型约束和航迹平滑型约束。对于机载、车载、便携式三类移动测量点云数据，其时序相邻块之间可构建航迹平滑型约束，即为了保持整体点云变换的平滑性和点云内部的一致性，一条航迹上时序相邻点云块之间的位姿变换应该越小越好。再对任意点云块节点，以其包围盒中心构建 Kd 树空间索引，搜索与其最邻接的 K 个包围盒中心点。对这 K 个邻近包围盒，计算包围盒之间的重叠度，若重叠度大于 20%，则认为两点云块（站）之间具有足够的重叠度，将这两个点云块（站）节点间建立一条重叠配准约束边，即完成了点云位姿图的构建。

2. 多平台点云位姿图局部优化

多平台点云位姿图局部优化的主要目的是实现位姿图中任意相邻节点之间的数据配准，为后续位姿图全局优化提供良好的初值，加快位姿图全局优化收敛速度，主要包括同平台数据配准和跨平台数据配准两种类型。

（1）同平台数据配准

采用 Trimmed–ICP 算法对同平台机载点云、架站式点云、便携式点云进行配准。在每次迭代中，由近邻半径阈值搜索估计两点云的重叠度，再根据重叠度计算近邻对应点距离阈值。然后去除最近邻距离大于阈值的冗余外点，仅由内点作变换估计。在下一次迭代之前，再在剩余内点中估计重叠度以确定新的距离阈值。

（2）跨平台数据配准

为克服点密度差异和视角差异对配准精度的影响，利用平面特征作为配准基元，以车载点云为参考，将车载点云与机载点云进行配准融合。

利用基于点云整体聚合描述子相似性的相邻（重叠）点云高效索引方法，实现点云近邻（重叠）结构关系图快速构建，降低地基多平台激光点云配准算法的复杂度。

优先配准点云近邻（重叠）结构关系图中相似度最大的点云对，并采用融合描述子相似性、几何一致性和视觉兼容性的两组点云配准算法，对整体聚合描述子相似度最大的两组点云进行配准。

3. 多平台点云位姿图全局优化

多平台点云位姿图全局优化是为了将不同平台（机载、车载、架站、背包等）获取的激光点云数据进行高精度融合，为后续的典型地物要素提取提供高质量的数据保障。可利用 G2O（General Graphic Optimization）通用图优化开源库对位姿图进行整体优化，具体步骤如下。

第一，根据约束边的类型和连接节点的点云平台类型赋权，确定权阵（信息矩阵）QAB。

第二，配置优化器，定义线性求解器和块求解器，定义优化方法为列文伯格－马夸尔特（L–M）法。

第三，定义所有节点类型为 se（3）型位姿节点，并全部赋初值为单位 se（3）。将 TILS 站节点作为基准节点固定，其他节点不固定。

第四，定义所有约束边类型为 se（3）到 se（3）的二元约束。进行约束边赋值，并进行赋权。对约束边规定 Huber 鲁棒核函数。

第五，优化求解，得到各节点参数，即各节点对应点云块的位姿变化。

（二）多源异构数据智能融合

多源异构数据智能融合要解决多平台点云、影像等数据融合问题。倾斜摄影测量、激光点云等技术提高了数据获取效率，提升了数据更新频率，使得大量三维数据的获取成为可能。伴随着大规模的三维数据不断积累，多源异构数据的融合匹配就显得尤为重要。实现海量、不同来源、不同平台、不同分辨率空间数据的高效融合，对提高空间数据的使用效率、提升基础地理实体的生产质量具有重要的现实意义。

由于点云数据与遥感影像的维度、采样粒度均不同，而且两者之间的映射关系复杂，尽管现有的商用移动测量系统提供了传感器之间的标定参数，但是难以建立点云与影像之间的精确对应。高精度配准点云和影像生成具有纹理属性的彩色点云，是两者优势互补的重要手段，同时也是辅助提高空间数据分类与目标提取结果的有效途径。

笔者从数据配准的综合误差出发，提出一种三维点云和影像配准方法，可以广泛适用于机载激光扫描点云与框影幅式影像自动配准、车载激光扫描点云与全景影像的自动配准。该方法主要包括多类型配准基元提取、同名配准基元鲁棒匹配、基于同名基元匹配的粗配准、基于迭代最近邻点算法的精配准等 4 个核心步骤。

1. 多类型配准基元提取

配准基元是进行配准模型解算的基础几何对象，包括点、线、面、体及其组合。建筑物作为城市场景中人工构筑物的主体，其顶面、立面多数具有规则形状，与邻近环境之间存在阶跃。在三维点云和影像配准模型中选取建筑物的顶面、立面作为配准基元，具有实用性与代表性。

在机载激光扫描系统采集的城市场景数据中蕴含了大量的建筑物屋顶信息，建筑物屋顶的边界线可作为配准基元进行机载点云数据与影像的配准。

车载移动测量系统采集的城市侧面数据蕴含了大量的建筑物立面信息，建筑物立面的结构线可作为配准基元进行点云数据与影像的配准。

2. 同名配准基元鲁棒匹配

在点云与影像中完成配准基元提取之后，需要对其进行匹配，形成同名的配准基元对，继而进行配准模型求解。本书提出一种基于图匹配的同名配准基元对生成方法。其匹配过程分为两步：首先利用配准基元提取结果构建配准基元图；然后利用三角形相似性实现最优同名配准基元匹配。

3. 基于同名基元匹配的粗配准

形成配准基元对后，对粗配准模型，可利用同名基元直接解算，实现模型参数的线性估计。数据配准过程本质上是一个空间坐标系转换过程，对于 LiDAR 点云中的配准基元 X，其共轭影像配准基元记为 x，则二者间的空间几何关系可表达为：$X=T\cdot x$（其中 T 为空间变换矩阵）。

对于普通针孔相机（透视相机），上述公式的具体形式为共线方程，可以通过传统后方交会的非线性方法，以及 EPnP 线性方法对其进行求解。

对于鱼眼相机、全景相机（非普通透视成像相机），其影像成像模型为柱面、球面展开正射投影，可将非透视成像模型的后方交会问题转换为与其等价的 PnP 问题，进行线性求解。

4. 基于迭代最近邻点算法的精配准

经粗配准后，由于自动配准基元提取存在几何基元定位精度不足与提取完整性差等问题，不能实现数据的高精度对准，需要对其进行进一步优化。通过迭代最邻近点算法实现配准模型的优化。具体步骤如下。

通过包含影像同名点匹配、相对定向、光束法平差过程的运动结构恢复方法恢复序列影像的外方位元素，并在此基础上使用多视图立体匹配算法生成影像密集点云。

将基于同名配准基元对解算的粗配准解转换为精配准模型中的空间

坐标变换初值,稳健估计摄影测量坐标系与 LiDAR 坐标参考中的初始转换关系。

选择迭代最近邻点算法 ICP 作为精配准模型，以影像密集点云与激光点云之间加权点到面的距离作为目标函数，采用迭代点间距离最小化算法，对粗配准模型参数进行精化，从而实现 2D 序列影像与 3D 激光点云的高精度、稳健配准。ICP 算法的具体步骤包括：①依据距离最短准则，在匹配基准点集中寻找待匹配点集的对应点，建立匹配点对，并使用匹配点对实现空间坐标转换模型的解算。②使用解算获得的转换模型对待匹配点集进行转换，重复上一步的最邻近点查找与模型解算。③不断重复上述两个步骤，直到达到设定的迭代次数或者预设的收敛条件为止。

第四章　地图制图及输出

第一节　制图综合的概述

一、制图综合的概念

地图是以缩小的形式来显示客观世界的图形或图像。因而，任何地图都不可能表示出地表上的全部物体和现象，只能根据地图的用途、比例尺和制图区域的特点，将制图对象中的规律性和典型特征，以概括和抽象的形式表示出来，舍掉那些对该地图来说是次要的和非本质的事物，这个过程就称为制图综合。

制图综合的过程就是解决地图表象与复杂的客观世界之间矛盾的过程，为此而提出的一些方法、概念和理论，经过多年的实践总结和系统研究，就形成了指导地图编制的制图综合概念和理论。

制图综合是地图编制的核心问题之一。地图作品的质量好坏，以及能否符合地图用途的要求，都与制图综合的运用有着密切的联系。制图综合的质量直接影响着地图的质量。同样的制图资料，正确的制图综合能反映客观现象之间的有机联系，反之则会歪曲现象的本质。所以，制图综合一直是地图学家重视研究的理论和实践问题。

二、制图综合的手段

制图综合是通过概括和选取的手段来实现的。

（一）概括

概括指的是对制图对象形状、数量和质量特征方面的化简，通过去掉轮廓形状的碎部代替总的形体特征，缩减分类和分级的数量以减少制图对象间的差别。例如，去掉居民地外部轮廓的细小转折，去掉等高线或其他轮廓图形上的小弯曲，把各个种类的森林（如松、柏、杉、枞、枫、榆、桐等）合并为含义更为广泛的森林（针叶林和阔叶林等）。

（二）选取

选取指的是从大量的制图对象中选出较大的或较重要的表示在地图上，而舍去次要的，甚至于可以根据需要把某一类或某一级的制图对象全部舍去。

（三）概括和选取的关系

一方面，概括和选取在意义上有明显区别。概括是去掉制图对象总体中的细部以及对类别、等级的合并，其目的在于突出反映物体的基本特征；而选取通常是对单个或一类物体而言的，即它们在新编图上应当表示或舍弃。

另一方面，概括和选取又相互联系，概括通过选取得以实现。例如，概括等高线图形时要考虑谷地的去掉或保留，这对该谷地来说是选取的问题，而对总体形态来说又是概括问题。因此，在研究制图综合时，总是把选取作为基础。制图综合方面的论著也大多以选取作为研究的重点。

三、制图综合的类别

从制图对象大小、重要程度、表达方法和读图效果出发，可把制图综合分为比例综合、目的综合和感受综合三种。

（一）比例综合

由于地图比例尺缩小而引起图形的缩小，一部分图形会小到不能清晰表达的程度，从而产生选取和概括的必要，这种综合称为比例综合。

（二）目的综合

制图对象的重要性并不完全取决于图形的大小。因此，制图对象的选取和概括也不能完全由比例综合而定，还要根据制图者对制图对象重要性的认识来确定，这种随制图者对制图对象的认识而转移的制图综合称为目的综合。

（三）感受综合

制图综合不能仅从制图者的角度进行研究，还应从用图者的实际感受出发来研究用图者读图时的感受过程，这称之为感受综合。感受综合由两部分组成，即记忆综合和消除综合。人类的记忆力是有限的，不可能记住所看到的全部细节，仅能记住富有表现力的或具有特殊标志的内容，而其他的细节则会逐渐模糊和遗忘。这种由记忆自然育成的结果称之为记忆综合；在一定距离上观察地图时，看到的往往是比较大的、鲜明突出的目标，而对小的、颜色淡的符号则往往会视而不见。这种对部分图形的自然消除称之为消除综合。

我国过去编制地图时比较强调目的综合，即由制图者对客观事物的认识来确定制图综合的标准，这就造成了制图综合存在任意性且缺乏客观标准。地图制图学的发展趋势必然是制图综合过程的规格化和标准化。特别是计算机地图制图方法的发展，更要求用解析的方法来认识和描述客观世界，这就要求在制图综合中大量地引用数学方法。比例综合比较容易运用数学方法来描述，所以多数制图学家都比较注重比例综合数学方法的研究。实际上，制图学家面临的挑战是如何使计算机地图制图过程智能化和使制图综合模式化。表示在地图上的信息与实际的信息总量相比，尽管十分有限，但即使是这一部分信息还不能完全被用图者所接受，而使地图的作用还远远没有全部发挥出来。感受综合的研究将有助于提高地图信息的利用率，更有效地发挥地图的作用。感受综合的理论已经成为制图综合理论的重要内容，已经越来越引起地图学家们的重视。

四、制图综合的科学性与创造性

制图综合是一个科学的抽象过程，也是一个创造性的劳动过程。

制图综合不是简单的“取”或“舍”，而是建立在分析和归纳的基础上的规律体现。这些规律是经过科学的思维而概括出来的。在科学的思维和规律的表达中，体现了制图人员的知识和技术水平。知识越丰富，对制图对象的认识越深刻，则越容易找出事物联系的各个方面，并能用适当的符号和图形将其表示在图上。例如，对等高线的综合，不只是去掉或夸大一些等高线的弯曲，而是通过地质构造、地貌形态的分析及其对河流发育特点的研究，经过综合后才能正确地反映出该区域的地表形态特征。

制图者对制图对象的制图综合是通过对制图对象的选取、化简、分类、分级以及不断地用总概念去代替个别概念等来实现的。通过这个科学抽象的过程可以突出地理事物的规律性，然后，再用地图符号系统将其表现在地图上。

制图者应解决图面上因缩小表示制图对象而产生的各种矛盾。例如，地图内容的详细性与易读性就是制图者所面临的矛盾。为解决这一矛盾，就必须缩小一部分地图符号，或改变表示方法，或适当地应用色彩效果，或减少地图的内容等，使地图既有丰富的内容又具有必要的清晰易读性。又如，地图的几何精确性与地理适应性的矛盾是制图者面临的另一个矛盾。随着地图比例尺的缩小，图上非比例符号之间的争位矛盾将逐渐加剧。这就需要根据地图的用途、比例尺和要素之间的关系，通过制图者创造性地运用其专业知识和制图技巧，对两者之间的关系加以科学的协调。

总之，编绘地图时，要通过各种方法来处理地图上出现的各种矛盾，充分发挥制图人员的丰富知识和熟练技巧。制图作品的优劣，在很大程度上取决于创造性的制图综合质量的好坏。

制图综合的实质就在于用科学的概括与选取的手段，在地图上正确、明显、深刻地反映出制图区域地理事物的类型特征和典型特点。

第二节　制图综合的内容和主要方法

制图综合主要表现在内容的选取、形状的概括等方面。

一、内容的选取

内容的选取就是根据地图的主题、比例尺和用途等要求，从大量、繁杂的制图对象中选取对地图主题和用途来说是较为大型的、重要的、具有代表性的内容，而舍去那些与地图主题和用途关系较小或无关的内容。

内容选取主要表现在两个方面，即选取地理要素中的主要类别和选取主要类别中的主要要素。例如，编制地势图时，应主要选取水系、地势，而居民地、交通网、边界等仅应适当表示。对于作为主要选取对象的水系而言，又要选取其中的干流及较重要的支流，以显示水系的类型及特征，而应舍去水系中的短小支流和季节性河流。

正确的选取，必须运用正确的方法和遵从合理的程序。

（一）选取顺序

为了正确选取内容而避免陷入盲目和混乱状态，应按下列顺序进行。

1. 从整体到局部

选取制图对象时，应首先从全局着眼，再从局部入手，然后再从局部回到整体，以使局部和整体都得到正确的表示。例如，在选取河流时，应先从制图区域整体出发进行河网密度的分区，规定不同密度区的选取标准，再分区逐一进行选取。最后，再回顾全局，看各部分选取的河流数量是否反映出各区的密度差别及河系的结构类型。

2. 从主要到次要

地图上的现象总有主次之分，在实施选取时要遵照从主要到次要的顺序。例如，在地形图上进行居民地综合时，必须按“方位物→主要街道→次要街道→街区”的顺序来进行选取。只有这样才能处理好地图内容的主次及各要素之间的联系和制约关系。

3. 从高级到低级

制图综合时必须首先对制图对象进行分类和分级，对同类不同等级制图对象进行选取时，必须按从高级到低级的顺序来进行。例如，选取道路时，应按“铁路→公路→大车路→乡村路→小路”的顺序进行选取，以保证高级的优先入选。

4. 从大到小

对同一要素而言，制图对象总有大小之别。为了保证大的优先入选，应按从大到小的顺序进行选取。

编图时应该首先选取高级的、大型的、重要的以及对其他要素有制约作用的物体，然后再依次选取较低级的、小型的、次要的物体。这样才能保证地图上的制图内容主次关系明确，既有相当丰富的内容，又使地图有适当的载负量和必要的清晰易读性。

（二）选取方法

为了使各幅图间的内容或同一幅图上各区域的内容的表达程度协调一致，并使地图具有适当的载负量，必须拟定出选取的统一标准，其基本方法有资格法、定额法等。

1. 资格法

资格法是按事先规定的数量或质量指标进行选取的方法。凡达到指标的就取，达不到指标的就舍。例如，以图上 1 cm 长度作为河流的选取指标时，长度大于 1 cm 的河流就予以选取，1 cm 以下的河流则一般应舍去。又如，在选取居民地时，若规定只表示乡一级以上的居民地，则乡以下居民地一般均应舍去。在这两个例子中，前者是按数量指标进行选取，而后者则是按质量指标进行选取的。

资格法有标准明确、容易掌握和各图幅间容易协调一致等优点，故在编图中得到了广泛的应用。

资格法的缺点主要体现在两个方面。一是资格法具有一定的片面性。这是由于仅用一个数量或质量指标是无法全面衡量制图对象重要性的。例如，同样长度的一条小河在水网发达地区和干旱地区，其意义显然是不同的。二是资格法体现不出选取后的地图容量，很难掌握各地区的图面载负量。

2. 定额法

定额法是按事先规定的单位面积内应选取的数量来进行选取的方法。在拟定定额时，应全面考虑制图对象的意义、区域面积、分布特点、符号规格及字体大小等因素，同时还要以制图对象本身的特征为基础。例如，地图上单位面积内表示居民地数量应以该区域内居民地的分布密度为基础。

定额法有利于保证地图既具有相当丰富的内容，又不会使地图上内容过多而影响易读性。

定额法的缺点主要是单纯依靠数量定额来选取物体，就难以保证数量指标与质量指标间的一致性。例如，编制省一级的行政区划图时，若从质量指标出发要求乡一级以上的居民地都要表示在地图上。但是，若按数量定额选取的结果，往往会出现这样的情况，即在居民地稀小地区内选完乡以上之后还要选大量乡以下的小居民地，而在居民地稠密地区将会连乡以上的居民地也无法全被取上,从而造成了质量标准的不统一。

二、制图对象形状的概括

形状的概括是通过删除、夸大、合并和分割的方法，对图形的内部结构和外部轮廓加以简化,使得在图形尺寸缩小后仍能突出其典型特征。

（一）删除与夸大

删除即舍去那些小于图解尺寸而无法清晰表示的碎部图形。如河流、等高线、森林轮廓上的小弯曲、居民地轮廓上的小凸凹等。

夸大即适当放大某些具有特征的细节,例如一条微弯曲较多的河流,如果机械地按指标进行概括，微小的弯曲可能被全部删除，使河流变得平直而失去微弯曲较多的特征，因此，在处理细小弯曲时，应适当夸大其中具有显著特征的小弯曲。

（二）合并与分割

随着地图比例尺的缩小。制图对象的图形及间隔也可能缩小到不易辨认。此时，可采用合并同类物体图形细部的方法来反映制图对象的主要特征。例如，概括城镇式居民地平面图形时，应舍去次要街巷、合并街区。在概括森林时，当两块森林在图上间隔很小时，可合并成一个大的轮廓范围。

单纯采用合并的方法进行图形的简化，有时会歪曲图形的方向与形状的特征。此时，应在合并的同时采用分割的方法进行简化。在进行居民地概括时，除以合并街区的方法为主外，应辅以分割街区的方法，以保持街区原来的方向以及不同方向上街道数量的对比关系。

第三节　地图注记、排版和输出

一、地图注记

地图注记包含两方面的内容。一是地图上的内容注记，主要是地名注记。注记借助语言文字的功能来实现，它本身可以作为空间数据库中一项内容。另一种注记是制图说明注记，这种注记仅与地图输出有关。空间数据库中一般不存储这些内容。

（一）注记的数据结构

在计算机内进行地图注记，可直接采用目前流行的印刷出版行业用的字库。这种印刷字库具有多种汉字字体，包括宋体、仿宋、细线、中等线、黑体、隶书、楷书等。每种字体有 7 000 ~ 12 000 字，都有点阵字库、矢量字库和 TrueType 三类字体格式。目前，点阵字符已从 24 点阵发展到 128 点阵，即每个字符包含有 128 × 128 个二进制位，点阵字符的汉字因此会占用大量存贮空间。矢量汉字外形光滑而且存贮空间较少，适合于地图使用。TrueType 字体是一种点阵与矢量结合的字体，它以普通栅格字库的形式存放，但在显示时，用数学曲线拟合注记的边缘，外形美观。

一般用于地图输出的地图注记，其数据结构都较复杂。不仅要考虑注记点的位置坐标，还要记录注记的字体、颜色、大小，注记间隔，注记的方位角和注记的字形（指左斜、右耸等），以及注记的内容等。一个好的注记系统应当既考虑到注记的组合方式，又考虑注记字符串中每个字在实际图幅中方向的变化。例如，为很好表现大兴安岭的注记整体，应沿着山脉注记，而且每个字的方向可能还要随具体山脉延展方向而调整。此外，注记的数据结构还不可缺少注记目标标识和所属地物类或层等因素，否则注记不可能标注到相应的地物上。

综上所述，注记的数据结构应包含如下因素：注记目标标识，所属地物类或层、字体、颜色、大小、字形、字符间距、注记方式、字符个数、注记字符串、注记点位坐标 X、注记点位坐标 Y 和注记点位方向角 A 等。可见，计算机中的地图注记包含丰富的内容。

（二）注记方式与注记编辑

注记方式是注记中的一项重要内容。注记方式分四种：单点注记、双点注记、布点注记和参考线注记。其中，单点注记是最常见的方式，该方式给定一个点的坐标，以此点为起点注记一串字符，注记方向角一般为零；双点注记则是指给定两个点的位置坐标，注记的一串字符及其方向由这两个点位来决定；布点注记将一个整体注记的每个字符对应一个点位和方向，其中单点布点时给定一个点位，双点布点时给定两个点位，方向由两个点来决定；参考线注记沿一条已有的参考线如公路线，平行或垂直于参考线自动布点，效果与双点布点相类似。

注记编辑经常性的内容是修改注记的字体、颜色和大小等选择参数，修改注记内容，移动注记点位，修改注记方式和注记方向等。此外，还要考虑注记相互压盖和注记与地物的压盖与协调问题。

（三）地名自动注记

地名是地图最重要的组成部分之一。通过地名注记可以一目了然地识别出重要的地物目标，获取相关信息。地图上的地名注记特别是小比例尺地形图等的地名注记，仅点状地名的注记一般就可达到几百上千个，工作量相当大。因此，地名注记的自动化是计算机地图制图研究寻求突破的一项重要内容。特别是从 20 世纪 60 年代起，GIS 的迅速发展及其广泛的应用，对 GIS 图形输出提出了更新更高的要求，地名的自动注记问题因而提到较重要的议事日程上来。

地名的自动注记非常困难，主要在于需要正确处理地名注记与地理要素之间的关系，地名注记与其相应的地理要素关系密切，但没有固定的一一对应关系。地名注记在地图上的位置是不确定的，地名注记与其相应的地理要素只存在根据优先顺序和它与其周边要素之间的压盖情况进行配置的关系，它是由制图人员在绘制地图时根据制图规则配置，具有相当程度上的主观随意性，这相应地也增加了自动注记的难度。

目前，国内和国际上虽然对地名注记自动化进行了大量的研究，但距离建立一套能灵活运用于生产的、真正意义上的“地名注记自动化”实用系统，还有很大差距。至今为止，多数地名注记自动化的研究是基于“人工智能”算法，例如，基于“状态空间问题”求解的搜索策略和专家系统等。它们多是基于注记位置以及它与其他地理要素压盖情况制定的规则，进行搜索、推理。不论是“专家系统”，还是哪一种算法，它们都是一种“串行算法”。问题的解与注记的顺序有关,后面的注记直接受到前面注记位置的影响。

武汉大学的张祖勋教授等提出了一种基于 Hopfield 神经网络的整体最优解的地名自动注记算法。该算法的核心思想是从整体(整幅地形图)上考虑地名注记与其相应的地理要素、各地名注记之间，以及地名注记与其周边要素之间的关系,利用 Hopfield 神经网络模型的能量收敛特性，获得一个整体最佳的注记结果，即整体最优解。

地名注记分为点状、线状和面状符号注记，三种注记各有特点，因此，整体最优解算法对三种符号注记的数据处理给定不同规则。经过对点状、线状和面状符号注记的全面考虑，该算法选择点状符号“整体最优注记”为重点，选择神经网络中的 Hopfield 模型为整体最优配置的数学模型。线状要素通过提取要素平行线,面状要素通过提取要素骨架线,加上一定约束条件后，转化为点状要素情形处理。

应用 Hopfield 神经网络模型首先要根据问题的物理模型建立一个能量函数。对于点状要素自动注记而言，所谓整体最优配置就是按点状符号配置的优先等级，并顾及所有的地图要素（包括注记本身）之间的关系，从每一个符号的多个备选位置中选取一个最优解。其标志是能最佳地满足配置的规则和最少压盖。实验结果表明，用神经网络整体最优解算法解决自动优化组合问题，包括注记自动配置最优解求取问题是可行的，许多性能优于“串行算法”。由于网络是以迅速收敛的迭代方式运行，所以，那些有“组合爆炸”危险的复杂问题可以变为可计算的简单问题，从而使算法效率有数量级的提高。

二、地图排版

地图排版指地图符号化与注记之后的颜色配置、图幅整饰、图例和排版布局等工作。

（一）颜色配置

一般的输出，如用绘图仪绘制纸质地图等，对地图的配色要求不一定很高。但是，地图如果要出版印刷，则色彩配置必须十分讲究。为了能自动化地提高色彩配置的效率和质量，必须首先找到地图色彩的数字表达方法，并建立地图色彩数据库，然后进行人机交互或自动设色。

（二）图幅整饰

一幅完整的地图除包含反映地理要素的线及色彩要素以外，还必须包含与地理数据相关的一系列辅助要素，如图名、图号、图表拼接、方里网、图例、比例尺、坡度尺、图幅外注记等许多内容。图幅整饰就是对以上这些辅助要素的操作。普通地图的图幅整饰内容和注记大小等，均有严格的规定，必须符合规范和图式要求。但对于专题图而言，图幅整饰则随意得多，它以合理和美观为原则。

（三）地图排版布局

在地图输出到介质之前，最后一步工作就是地图排版布局。之所以需要进行这一步工作，是因为地图常常需要与描述它的其他附加性材料，如各种附图、统计图表、图片和文本等一起排版输出。例如，各地交通旅游地图上一般都可以看到一系列关于饭店、旅游景点和各种公共交通信息的图、表和文字等。因此，在地图输出前，需要将地图与附加性图、表和文字等在计算机中混合排版，形成统一的绘图文件，为纸质地图、电子地图和分色加网软片做好准备。这里，排版布局的好坏很大程度地影响着地图的美观和可用性。

现代 GIS 软件都有将地图与附加性图、表和文字等集成在一起的功能，并能形成各种绘图仪和激光照排机所能接受的文件。近年来得益于计算机技术的飞速进步，GIS 软件的输出排版能力进步很快。特别是微软的对象链接与嵌入技术，能把不同的文件都作为一个 OLE 对象，将它们集成在一起并按要求排版布局，最后建立统一的输出文件。

三、地图输出

地图输出的途径主要有 3 种：①绘图仪或打印机输出，地图输出到硬拷贝（纸张、薄膜等）上；②自动制版输出，这时地图输出形成分色加网软片，以供印刷之用；③电子地图输出，输出的是电子地图产品或电子地图集。

（一）绘图仪或打印机输出

绘图仪输出是最简单，也是最常用的地图输出方式。目前应用最广泛的绘图仪，是彩色喷墨绘图仪，该仪器的性能价格比在近十年来有明显提高。近年来，小型的 A4 幅面彩色喷墨打印机的性能价格比，也提高很快，目前价格已降至千元以下，而输出质量对一般民用而言已足够高，因而被广泛用来作为 16 开本大小级别的文件、报告等的彩色地图插页输出。从原理上看，彩色喷墨绘图仪和彩色喷墨打印机的绘图原理相近。它们不仅性能价格比高，而且应用非常方便，因为过去 GIS 软件公司要针对不同的绘图仪编写不同的绘图驱动软件，而现在这一工作逐渐标准化，这些工作均由操作系统提供的驱动软件，或绘图仪、打印机生产公司提供的驱动软件完成。

从软件指令上看，绘图仪输出的实现方式有三种方式：①根据绘图指令，编写绘图程序，直接驱动绘图笔绘图；②由 GIS 软件产生一种标准的图形文件，如 Windows 的源文件 WMF 文件，调用操作系统或者 Windows 提供的函数“播放”元文件来绘制地图；③所有程序不变，仅在需要绘图时，将图形屏幕显示的句柄改为绘图设备句柄即可。第一种方式即为笔式绘图仪输出方式，这种方式现已少用；彩色喷墨绘图仪和彩色喷墨打印机普遍采用第三种输出方式。

（二）自动制版输出

自动制版输出包括分色加网处理和栅格影像处理两种方式。

分色加网处理主要包括分色处理和加网处理两个步骤，前者将已获得的彩色地图文件按照每一种颜色的黄、品红、青、黑的实际构成比例进行分色；后者则根据印刷彩色地图的网目密度进行加网处理，为输出分色加网胶片完成预处理工作，即产生一种包括符号和正文处理的国际上通用的标准格式文件。这种单色文件可以通过影像曝光机输出加网胶片。

为了完成分色处理，通常建立色表，这是一个正文文件，建立绘图文件中的笔号和不同的页面描述方法之间的联系。加网过程实际是一种填充方法，由于要求的网目密度通常在150以上。因此其加网过程需占用很多时间，应当寻求一种快速算法，PostScript语言提供了较好的填充算法。

常用以建立色表的模型有RGB三原色模型、HLS（色相、饱和度、亮度）模型和CMYK（印刷油墨色的黄、品红、青、黑）模型。R、G、B值的变化范围是0至255；H、L、S的取值范围从0至100；印刷油墨色使用网目构成百分比进行分色处理。此三种模型的色表格式大体相同。

栅格影像处理将转换矢量式的页面描述文件为点阵式影像文件。它可直接用于输出网目片、正文、符号和线画软片，从而完成印前处理的最后一步工作。转变过程中，需要计算网目尺寸和扫描线的匹配关系。RIP软件直接接受PostScript文件并进行解释和转换工作，转换后的结果通常可适用多种型号的影像曝光设备。RIP软件直接接受矢量式文件，因而可以获得光滑的点阵边界。由此缘故，过去采用直接点阵式数据输出的方式正逐渐被淘汰，被PostScript–RIP方式所替代。RIP过程中可以设置页面大小、网目形状、网目密度、正负网点选择等。

（三）电子地图输出

电子地图是一种数字化的地图，电子地图一般存放在磁带、光盘等数字存储介质上。电子地图操作界面比较方便，不同的电子地图具有相对统一的界面，而且电子地图大多连接着属性数据库，能做查询、计算和统计分析。

电子地图通常是系列化的，表现为电子地图集产品。电子地图集作为传统地图集的补充，它不仅存贮了地图集的全部内容，而且形成了一个信息系统，称为电子地图集系统。

第四节　现代地图制图学的研究方向及进展

20 世纪 70 年代以来，自动化、电子计算和遥感遥测技术引进地图学，引起地图制图技术上的革命。同时各学科的相互渗透，尤其是信息论、模式论、传输理论、认知论以及数学方法引进地图制图学，使地图制图学的理论有了很大发展。地图的形式和内容不断变化更新，除了用地图、系列地图、地图集来表达各种自然和社会经济现象外，数字地图、电子地图也得到了迅速发展。静态地图扩展为动态地图，平面地图成了立体地图，利用虚拟现实技术生成可“进入”的地图，因此，现代地图具有了虚拟、动态、交互和网络的特征。

一、地图认知范畴的研究

地理环境复杂多样，要正确认识掌握这种广泛而复杂的信息，需要对地理环境进行科学的认识。

（一）地图认知的含义

认知属于心理学的范畴，根据空间信息分析以及空间信息可视化的需要，认知应该是知觉、注意、表象、记忆、学习、思维、语言、概念形成、问题求解、情绪、个性差异等有机联系的信息处理过程。

地图认知就是通过地图阅读、分析与解释，充分发挥图形思维与联想思维，形成对制图对象空间分布、形态结构与时空变化规律的认识。

（二）地图认知模型

地图认知模型分为制图者的认知模型和地图使用者的认知模型。

制图者的认知模型强调对所表达事物、现象，所表达内容的表现形式的认知。制图者通过选取最主要的制图内容与最合适的表现形式，实现空间信息的高效传输，将客观现实世界转化为地图上所表达的客观世界。

地图使用者的认知模型是在已有地图的基础上，结合用图者的空间知识与背景，完成对地图对象的认知，间接达到认知客观世界的目的。也就是通过对地图所表达的客观世界的认知，来形成自己所认识的客观世界。

二、地图可视化

可视化理论和技术用于地图制图学始于 20 世纪 90 年代初期。可视化理论和技术在没有成为信息技术专业术语之前，仅是形象化的一般性解释，除教育、训练、传媒方面较多使用以外，在科技界并未引起多大的注意。它被赋予新的含义，并成为信息技术与各学科相结合的前沿性专题，是在数字化逐渐成为人类生存的重要基础的新形势下出现的。

对地图制图学来说，可视化技术已超出了传统的符号化及视觉变量表示法的水平，而进入了在动态、时空变化、多维的可交互的地图条件下探索视觉效果和提高视觉功能的阶段。

（一）地图可视化的原理

地图作为图形语言本身就是可视化产品，随着美国国家科学基金会的图形图像专题组提出了“科学计算可视化”概念后，将大量的抽象数据表现为人的视觉可以直接感受的计算机图形图像，为人们提供了一种可直观地观察数据、分析数据，揭示数据间内在联系的方法，由此通过计算机实现地图的可视化理论得到进一步发展。

地图可视化理论包括信息表达交流模型和地理视觉认知决策模型，并将应用于计算机技术支持的虚拟地图、动态地图、交互交融地图及超地图的制作和应用。

1. 虚拟地图

虚拟地图是计算机屏幕上产生的地图，或是利用双眼观看有一定重叠度的两幅相关地图在人脑中构建的三维立体图像。人在进入这一环境后可以和计算机实现以视觉为主的全方位交互，这是空间数据可视化最有发展空间的新领域。

2. 动态地图

动态地图中的地学数据存储在计算机中，可以从不同的观察角度，用不同的方法动态地进行显示。动态的可视化要比静态画面更生动，可供用图者反复观察、思考，并有可能发现一些内在的规律。

3. 交互交融地图

交互交融地图是指人与地图可进行相互作用和信息交流。目前的交互方式随空间数据的性质而变化，可以改变其点、线、面的尺寸、位置、图案、色彩等，也可以通过改变比例尺、视角、方向使图形发生变化；对于属性数据则可用文字、表格与图形建立联系；也可以通过交互改变数据分析的指标，重新分类、分级，并在相应的地图和图表上产生相应的变化。

4. 超地图

超地图基于万维网与地学相关的多媒体，解决了在万维网上如何组织空间数据并与其他超数据相联系的问题，可以让用户通过主题和空间进行多媒体数据的导航，通过地图的广泛传播与使用，对公众生活、行为决策、科学研究等产生巨大作用。

在现代地图制图学的研究中，需要建立和完善关于信息传输交流模型和空间认知模型的理论，从而指导对虚拟地图、动态地图、交互交融地图、基于万维网地图的制作原理和方法的建立，进一步提高视觉效果和功能，使地图可视化在信息传输、公众决策等方面得到广泛的应用。

（二）三维立体制图

在观看一张普通的图画或照片时，要想靠直觉来分辨出图画中内容的深浅位置或深度是不大可能的，因为实际物体是三维的，而画面是二维的，所缺少的一维正是包含深度方向的实物信息。如果分析对实物深度的感受或立体感的情况，可知依靠分开的双眼在观看实物不同深度时，双眼会出现位置上的差别，立体感就是人脑对左右视网膜上的两幅有差异图像的感受结果。

立体地图，亦称立体模型，是一种源于实际又高于实际，集实用性、观赏性和艺术性为一体的直观型地图。这种地图能形象逼真地展示相应地区和单位的整体布局和实际情况，而借助于现今先进的 AutoCAD 技术的软件环境，我们能够自动地控制图形的绘制和色彩的施加，从各种角度灵活地观看三维立体制图，使我们能更详细地了解图形信息，这些是二维平面图所无法比拟的，它能够为城镇建设、管理、旅游及政府决策提供更好的帮助。二维平面图的存在及利用已经有很长的时间，作为新生事物的数字化三维立体图将具有更广阔的发展前景和更广泛的应用价值。

（三）虚拟现实技术

虚拟现实技术是在可视化技术的基础上发展起来的，是指运用计算机技术生成一个逼真的，具有听觉、视觉、触觉等效果的，可交互的、动态的世界，人们可以对虚拟对象进行操纵和考察。虚拟现实技术的科学价值在于扩展了人的空间认知手段和范围，改变了传统仿真与模拟方式。

虚拟现实技术的特点：①可利用计算机生成一个具有三维视觉、立体听觉和触觉效果的逼真世界；②用户可以通过各种感官与虚拟对象进行交互，在操纵由计算机生成的虚拟对象时，能产生符合物理的、力学的和生物原理的行为和动作；③具有观察数据空间的特征，在不同的空间漫游；④借助三维传感技术，用户可以产生具有三维视觉、立体听觉和触觉的身临其境的感觉。

虚拟现实技术所支持的多维信息空间，为人类认识世界和改造世界提供了一种强大的工具。它作为地图制图学的新的增长点，对于拓宽地图制图学的领域和促进地图制图学的理论与技术的进步必将产生更加深远的影响。

（四）全息位置地图技术

周成虎等认为全息位置地图是以位置为基础，全面反映位置本身及其与位置相关的各种特征、事件或事物的数字地图，是地图家族中适应当代位置服务业发展需求而发展起来的一种新型地图产品。全息位置地图实时或准实时地从互联网、传感网、通信网等构成的泛在网中获取泛在信息，这些获取的信息通过语义位置在地图上汇聚关联。全息位置地图的表现形式多样，包含二维矢量、三维场景、全景图、影像地图等多种形式，并且实现室内室外、地上地下一体化。与一般的位置地图相比，全息位置地图具有两个基本特征：①全息位置地图是语义关系一致的四维时空位置信息的集合；②全息位置地图由系列数字位置地图所构成，能够形成多种场景，并以多种方式呈现给用户。

三、自动制图综合

自从电子计算机引入地图制图领域以来，人们一直期盼着用计算机实现地图综合，取代地图综合的手工作业，由此自动制图综合理论和技术得到发展。从数据库中抽取重要的和相关的空间信息以预定的比例尺将其表示在缩小了的地图空间上的过程称为自动制图综合。

自动制图综合就是要解决“何时、何地”实施综合操作的问题，也就是要研究满足综合要求的自动地理分区，并对地理实体进行评价，既要拥有对地物在全局结构中的地位进行评价的机制，也要拥有对地物在局部地段的相对重要性进行区分的手段。

自动制图综合的基本理论包括：基于地图信息和地图传输的地图综合理论、基于认知的地图综合理论和基于感受的地图综合理论。

自动制图综合对于地图生产自动化水平和 GIS 的数据服务能力具有不可忽视的作用，因而多年来各国制图学者对自动制图综合问题做了大量的研究，主要方法包括：面向信息的综合方法、面向滤波的综合方法、启发式综合方法、专家系统综合方法、神经元网络综合方法、分形综合方法、数学形态学综合方法、小波分析综合方法等。

四、遥感制图

随着遥感技术的兴起，传统的地图编制理论和方法发生了重大变革。遥感技术可以多平台、多时相、多波段地获取图像，快速而真实地获取地面的制图信息，为提高成图质量、提高成图速度和扩大制图范围创造了条件。

（一）遥感制图概念

1. 遥感

遥感指通过非直接接触的方式获取被探测目标的信息，并通过识别和分析，了解该目标的质量、数量及周围地理环境的时空状况。

2. 遥感制图

遥感制图指利用航天或航空遥感图像资料制作或更新地图的技术。其具体成果包括遥感影像地图和遥感专题地图。

（二）遥感图像制图基本程序

1. 选择遥感图像

（1）空间分辨率和制图比例尺的选择

在选择遥感图像空间分辨率时要考虑制图对象的最小尺寸和地图的成图比例尺，空间分辨率越高，图像可放大的倍数越大，地图的成图比例尺也越大。

（2）波谱分辨率与波段选择

地面不同物体在不同光谱波段上有不同的吸收、反射特征，多波段的传感器提供了空间环境不同的信息，在选择波段时应依据不同解译对象选用不同波谱的图像。

（3）时间分辨率和时相的选择

使用遥感制图方式反映制图对象的动态变化时，应了解制图对象本身变化的时间间隔和与之相对应的遥感信息源。

2. 加工处理遥感图像

（1）图像预处理

图像预处理包括粗处理和精处理。粗处理的目的是消除传感器本身及外部因素影响引起的系统误差，一般利用事先存入计算机的相应条件来纠正地面接收到的原始图像或数据。精处理是为进一步提高卫星遥感图像的几何精度而进行的几何校正和辐射校正，将图像拟合或转换成一种正规的地图投影形式。

（2）图像增强处理

图像增强处理是借助计算机来加大图像的反差，主要采用反差增强、边界增强、比值增强、彩色合成等方法。

3. 解译遥感图像

（1）目视解译

利用肉眼或借助简单判读仪器，观察遥感图像的各种影像特征和差异，一般经历解译准备、建立解译标志、室内判读和野外验证几个步骤。

（2）计算机解译

利用遥感图像信息由计算机进行自动识别与分类，以解决地物的分类问题，主要方法有概率统计法、图形识别法、聚类分析法、训练场地法等。

4. 编制基础底图

（1）制作影像基础底图

从同一地区的多幅影像中选定一幅适合专题内容的作为基础影像，进行精密纠正、合成、放大，制成供编制基础底图和野外考察及室内解译用的影像基础底图。

（2）制作线画基础底图

按影像基础底图的地理基础，适当选取水系等地理要素，制成具有水系、居民地、道路、境界和地貌结构线等内容的线画基础底图。

5. 转绘专题内容

将专题内容叠置在基础底图上，形成最终的遥感影像地图。

五、地学信息图谱

图是指空间信息图形表现形式的地图；谱是指众多同类事物或现象的系统排列；图谱是指经过综合的地图和图像图表形式，兼有图形与谱系的双重特性，同时反映与揭示了事物和现象空间结构特征与时空动态变化规律。

地学信息图谱是由遥感、地图数据库、地理信息系统与数字地球的大量数字信息，经过图形思维与抽象概括，并以计算机多维与动态可视化技术，显示地球系统及各要素和现象空间形态结构与时空变化规律的一种手段与方法。

（一）按信息图谱的对象与性质分类

1. 分类系统图谱

反映分类的图形谱系，如动物图谱、植物图谱、土壤图谱等。

2. 空间格局图谱

反映空间结构或区域格局的图形谱系，如地质构造带图谱、水系图谱、交通运输图谱、海岸带图谱等。

3. 时间序列图谱

反映时间序列的图形谱系，如历史时期的气候变化图谱、历史断代图谱等。

4. 发展过程图谱

反映时间和空间变化的图形谱系，如热带气旋图谱、环境污染图谱等。

（二）按信息图谱的尺度分类

地学宏观信息图谱（大尺度）、中观信息图谱（中尺度）和微观信息图谱（小尺度）。

（三）按信息图谱的应用功能分类

1. 征兆信息图谱

反映事物和现象的状况及异常变化或存在的问题。

2. 诊断信息图谱

针对征兆信息图谱所反映的征兆，借助于各种定量化分析模型与工具，找出问题所在，以图谱的形式实现区域诊断。

3. 实施信息图谱

以诊断信息为依据，通过改变各种边界条件提出不同调控条件下的决策和实施方案。

六、数字地图

数字地图是按照一定的地理框架组合的，带有确定坐标和属性标志的，描述地理要素和现象的离散数据。通俗讲，它是按地图的框架采集，并能在某一媒体上再现成为可视化地图的数据集合。可分为矢量式数字地图和栅格式数字地图两大类。

地图制图学在强劲的信息与通信技术（ICT）推动下不断进步，特别是计算机技术、网络技术和数学方法的深入结合，促使地图制图学从传统制图到自动化和数字化、数量化以及现代的网络化和移动化发展。计算机的发展首先促进了地图的自动化和数字化，包括计算机辅助制图、自动地图综合、用户定制和个性化服务等；数字空间的信息自由更是解放了纸质地图的约束，在数字环境下实现了丰富的空间分析和地理空间可视化（如 VR、AR）；移动互联网络的发展及普及更是衍生了地图的在线共享、众包更新、众智绘图。地图的网络化使大众制图成为现实，地图绘制的门槛降低，应用多元化。

与传统地图相比，数字地图有以下优点。

（一）灵活性

它以地图数据库为后盾，可以按照所发生事件的地区立即生成电子地图，不受地形图分幅的限制，避免地形图拼接、剪贴、复制的烦琐，比例尺也可以在一定范围内调整。

（二）选择性

可提供远远超过传统地形图的内容供用户选用。根据需要可以分要素、分层和分级提供空间数据。

（三）现势性

传统地图一旦印刷，所有内容就固化了，而现实场景却可能是时刻变化的。

（四）动态性

数字地图的支撑数据库可以将不同时期的数据存储起来，并在电子地图上按时序再现，这就可以把某一现象或事件变化发展的过程呈现在用图者面前，便于深入分析和预测。

七、电子地图

（一）电子地图的概念

电子地图，也称为数字地图，是地图制作和应用的一个系统，是一种数字化的地图。它是一种新型的地图信息产品，因此对它的定义及认识尚不统一。一种理解是将电子地图与数字地图视为同义，强调这种地图品种的实质和存在形式是数字式的，另一种理解是将数据库提供的数字地图信息绘制的地图称为电子地图，也称为“屏幕地图”或“瞬时地图”。

电子地图显示出来的内容是动态的、可调整的，能由使用者交互式的操作。一般电子地图都连接着属性数据库，或者连接多媒体信息，可以进行查询、计算、统计和分析。

（二）电子地图的优点

1. 交互性

根据使用者的要求，可以动态地生成相应的地图，具有较强的灵活性和交互性。

2. 无级缩放

在一定限度内可以任意无级缩放和开窗显示，以满足应用的需要。

3. 无缝

可以一次性容纳一个地区的所有地图内容，没有地图分幅的限制，通过放大、地图漫游、地图检索等多种手段，实现地图与影像的无缝拼接。

4. 动态载负量调整

能自动调整地图载负量，使得屏幕上显示的地图保持适当的载负量，保证地图的易读性。

5. 多维与动态可视化

具有多种表现手段，可以直接生成三维立体影像，能逼真地再现或模拟现实地面情况。

6. 信息丰富

除具备各种地图符号外，还能配合外挂数据库来使用和查询，将信息在额外的窗口显示出来，极大丰富了地图的表现内容。

7. 共享性

可以大量无损地复制，并能通过计算机网络传播。

8. 计算、统计和分析功能

可以在屏幕地图上快速、自动量算坐标、长度和面积，进行多种统计分析与空间分析，包括相关地图的叠置比较等。

9. 其他

资料更新速度快；制作成本较低；存储量大；携带使用方便。

在电子地图的基础上制作的电子地图集则具有更加强大的优势，电子地图集是以软盘或光盘为介质，通过计算机屏幕显示的地图集形式。它具有滚动、窗口放大、闪烁、动态表示、统计分析、叠加比较等多种功能，具有制作周期短、成本低、功能强大等优点，因此得到迅速推广并展示出广阔的前景。

八、互联网制图

随着互联网的迅速发展和普及，万维网已经成为快速传播各种信息的重要渠道。互联网地图在经历了从简单到复杂、从静态到动态、从二维平面到三维立体的发展过程后，传输和浏览速度也得到了迅速提高。

（一）互联网地图的特点

互联网地图也是一种多媒体电子地图，因而具有一般电子地图的特点，但还有其特殊性。

1. 远程地图信息传播

网络地图是在异地通过互联网传输数据，再通过浏览器生成地图，由于有一个数据传输和地图生成的过程，显示与漫游的速度会比一般电子地图慢。

2. 广泛便捷传播

网络地图具有远程快速传递的优越性，具有更广泛的用户群体，还具有适时动态性，互联网地图的数据可以实时更新，易于再版，成本较低。

3. 更多的人机交互性

用户可以根据自己不同的需要选择不同地图网站的不同内容、不同形式的地图，而且可以选择任意地区放大，通过网络查询检索更多的信息。

4. 充分利用超媒体结构

互联网地图将屏幕分割成若干个功能区，采用超链接方式组织各个部分，通过点击链接，直接进入其他网页浏览。

（二）互联网地图的结构和运行机制

互联网地图要求地图数据必须统一格式，因此数据的标准化、规范化成为信息共享的必备条件，所有数据都必须按照统一的分类标准和编码系统进行数据分类和编码改造，所有的空间数据也都必须同地理基础底图相匹配，同时需要建立统一的数据转换标准，包括各类数据的统一标准格式和相互转换软件。

互联网地图一般由服务器端和浏览器端两部分构成，中间由互联网连接。服务器端用于地图数据库的存储、管理和发布，浏览器端用于数据库共享、表达和应用。互联网地图系统的运行机制和过程：浏览器端首先发出信息查询和浏览网络的地图请求，服务器端响应请求，向浏览器端发送所要求的信息，浏览器端收到信息后，进行地图显示、地图制作、地图图例生成、地图投影转换和地图符号选择等操作，完成网络地图传输与信息共享。

九、智能地图

智能地图制图学是以思维科学作为理论基础，以物联网、云计算和网格计算等作为技术支撑，全面实现地图制图数据获取、处理与服务一体化信息流或流水线的智能优化，以提供基于网格的知识服务为主要服务方式的地图制图学。

智能地图主要研究内容包括：①地图制图学中的思维科学与人工智

能，特别是不确定性人工智能理论和方法；②基于网格的制图生产信息流或流水线瓶颈问题的整体流程和各个环节的智能化；③知识地图（面向程序、面向概念、面向能力、面向社会关系等）的理论、方法、功能和作用，知识地图与一般地图的区别；④在线协同式空间数据挖掘与知识发现、知识库与知识中心构建；⑤基于云计算和网格计算的智能化地理信息服务，即插即用、按需服务、柔性重组、服务组合和基础架构即服务（IaaS）、平台即服务（PaaS）、软件即服务（SaaS）、知识即服务（KaaS）的理论与方法。

十、时空大数据下的地图制图学

在时空大数据下，地图制图学的第一任务是多源异构时空大数据融合。

多源异构时空大数据融合是时空大数据时代给地图制图学带来的新问题。地图制图学再也无须为数据源发愁，但时空大数据的多源异构特征也给地图制图学数据源的处理增加了新的复杂性和困难。这主要表现在来自国内外不同部门、不同行业的时空大数据往往具有多类型、多分辨率（影像）、多时态、多尺度、多参考系、多语义等特点，客观上造成集成应用的时空大数据不一致、不连续的问题十分突出，给地图制图增加了难度，无法快速为国家重大工程和信息化条件下的联合作战提供全球一致、陆海一体、无缝连续的时空大数据服务。因此，如何科学描述、表达和揭示不同类型、不同尺度、不同时间、不同语义和不同参考系统的时空大数据的复杂关系及其相互转换规律，从根本上解决多源异构时空大数据的融合，已成为计算机数字地图制图环境下地图制图学亟待解决的科学技术问题。

近几年来该领域的研究已越来越受到关注和重视，也取得了一些进展，但有待研究解决的问题还很多，发展和提升的空间也还很大。例如，基于不同时空基准的时空大数据的转换一直是各国测绘与地理信息科技界关注的最基本的问题之一，核心是建立不同时空基准之间的转换模型并确定转换参数。不同尺度（比例尺）、不同时间、不同语义时空数据融合的研究刚刚起步，我国“十一五”以来，国家自然科学基金和国家

“863”计划已有多个项目支持该领域的研究，主要涉及多尺度空间数据相似性模型及其度量、面状和线状目标的自动匹配等。

时空大数据时代的到来，给地图制图学带来了新的挑战和机遇，地图制图学必将继续更高水平发展。无论是古代地图制图学、近代地图制图学或是现代地图制图学，地图制图学的时空观和方法论都是地图制图学的最根本的问题，只不过是时空大数据时代使我们认识到了这个问题的重要性。以哲学视野从整体上研究地图制图学、地图演化论、地图文化及其时空特性等，必将推动地图制图学理论、技术方法和服务模式的变革。

由传统地图制图时代的制图资料整编，到时空计算机数字化地图制图时代的制图数据处理，再到如今时空大数据时代的多源异构时空大数据融合，反映了地图制图学数据（信息）源由单源到多源、由少到多、由简单到复杂的趋势，相应地，也驱动了制图数据源处理的理论、方法和技术的不断发展。

时空大数据时代的到来，使地图制图学的科学范式由计算和模拟范式（第三范式）中分离出来进入当前的数据密集型计算范式（第四范式），这是一种以时空大数据计算为特征的地图制图学科学范式。这里的“时空大数据计算”，除前述多源异构时空大数据融合外，主要包括时空大数据多尺度自动变换、时空大数据分析挖掘与知识发现，以及时空大数据可视化等的理论、方法和技术，最终实现时空大数据价值的最大化。

地图空间认知与地图信息传输是现代地图制图学的基础理论，对地图科技工作的观念转变和更新起了重要作用。然而，当时空大数据时代到来的时候，由于天空地海一体的智能传感器网技术、移动互联网技术、新兴计算技术、人工智能技术等的快速发展，在人类认知自己赖以生存的现实地理世界的科学活动“三要素”（主体要素——科学家、客体要素——科学活动的对象、工具要素——科学活动的手段）中，工具要素处于越来越重要的地位，作用越来越大，开放、动态、多模式、综合的时空感知认知和时空信息传输新模式，必将成为时空大数据时代地图制图学理论的基础研究任务。

第五章　全球卫星导航与定位系统及应用

第一节　卫星定位技术概述

一、早期的卫星定位技术

卫星定位技术利用人造地球卫星进行点位测量。最早的人造地球卫星仅仅作为一种空间的观测目标，由地面观测站对它进行摄影观测，测定测站至卫星的方向，建立卫星三角网；或用激光技术对卫星进行距离观测，测定测站至卫星的距离，建立卫星测距网。这种对卫星的几何观测能够解决用常规大地测量技术难以实现的远距离陆地海岛联测定位问题。20世纪六七十年代，美国国家大地测量局在英国和德国测绘部门的协助下，用卫星三角测量的方法，花了几年时间测设了有45个测站的全球三角网，点位精度为5 m。但是这种观测方法受卫星可见条件及天气的影响，费时费力，定位精度低，而且不能获得地心坐标。因此，卫星三角测量很快就被卫星多普勒定位所取代，使卫星定位技术从仅仅把卫星作为空间观测目标的低级阶段发展到把卫星作为动态已知点的高级阶段。

20世纪50年代末期，美国开始研制用多普勒卫星定位技术进行测速、定位的卫星导航系统，叫作子午仪卫星导航系统（NNSS），开创了海空导航的新时代，揭开了卫星大地测量学的新篇章。20世纪70年代，部分导航电文解密交付民用，自此，卫星多普勒定位技术迅速兴起。多普勒定位具有经济快速、精度均匀、不受天气和时间的限制等优点，只要在测点上能收到从子午仪卫星上发出的无线电信号，便可在地球表面的任何地方进行单点定位或联测定位，获得测站点的三维地心坐标。20世纪70年代中期，我国首次引进多普勒接收机，进行了西沙群岛的大地测量基准联测。国家测绘局和总参测绘局联合测设了全国卫星多普勒大地网，石油和地质勘探部门也在西北地区测设了卫星多普勒定位网。

NNSS 卫星导航系统虽然将导航和定位推向了一个新的发展阶段，但是它仍然存在着一些明显的缺陷。NNSS 卫星导航系统采用 6 颗卫星，并都通过地球的南北极运行，地面上某个点上空卫星通过的间隔时间较长，同一地点两次卫星通过的间隔时间为 0.8 ~ 1.6 h，同一卫星每天通过次数最多为 13 次，间隔时间更长，而且低纬度地区每天的卫星通过次数远低于高纬度地区。而一台多普勒接收机一般需观测 15 次合格的卫星通过才能使单点定位精度达 10 m 左右，各个测站观测公共的 17 次合格的卫星通过时，联测定位精度才能达到 0.5 m 左右。NNSS 卫星导航系统不能为用户提供实时定位和导航服务，精度较低也限制了它的应用领域。另外，子午仪卫星轨道低（平均高度 1 070 km），难以精密定轨。再则，子午仪卫星射电频率低（400 GHz 和 150 GHz），难以补偿电离层效应的影响，致使卫星多普勒定位精度局限在米级水平（精度极限 0.5 ~ 1 m）。总之，用子午仪卫星信号进行多普勒定位，不仅观测时间长，而且既不能进行连续、实时定位，又不能达到较高的定位精度，因此其应用受到了较大的限制。为了实现全天候、全球性和高精度的连续导航与定位，新一代卫星导航系统——GPS 卫星全球定位系统便应运而生，卫星定位技术发展到了一个辉煌的历史阶段。

二、全球定位系统（GPS）的建立

1973 年 12 月，美国国防部组织陆、海、空三军，联合研制新的卫星导航系统——NAVSTAR/GPS，它是英文“NaVigation Satellite Timing And Ranging/Global Positioning System”的缩写，中文翻译为“卫星授时测距导航 / 全球定位系统”，简称 GPS 系统。该系统是以卫星为基础的无线电导航定位系统，具有全能性、全球性、全天候、连续性和实时性的导航、定位和定时功能，能为各类用户提供精密的三维坐标、速度和时间。

GPS 计划经历了方案论证（1974—1978 年）、系统论证（1979—1987 年）、生产实验（1988—1993 年）3 个阶段，整个系统分为卫星星座、地面监控站、用户设备三大部分。论证阶段共发射 11 颗名为 Block Ⅰ的试验卫星，生产实验阶段发射 Block Ⅱ R 型第三代 GPS 卫星，GPS 系统由此改建而成。

其基本参数是：卫星颗数为 21+3，卫星轨道面个数为 6，卫星平均高度为 20 200 km，轨道倾角为 55° ，卫星运行周期为 11 h 58 min（恒星时 12 h），载波频率为 1 575 GHz 和 1 227 GHz。卫星通过天顶时，卫星的可见时间为 5 h，在地球表面上任何地点任何时刻，在高度角 5° 以上，平均可同时观测到 6 颗卫星，至少可观测到 4 颗卫星，最多可达 9 颗卫星。

GPS 工作卫星的在轨重量是 843.68 kg，设计寿命为 7.5 年。当卫星入轨后，星内机件靠太阳能电池和镍镉蓄电池供电。每个卫星有一个推力系统，以使卫星轨道保持在适当位置。卫星通过 12 根螺旋形天线组成的阵列天线发射张角大约为 30° 的电磁波束覆盖卫星的可见地面。卫星姿态调整采用三轴稳定方式，由 4 个斜装惯性轮和喷气控制装置构成三轴稳定系统，致使螺旋天线阵列所辐射的波速对准卫星的可见地面。

三、GLONASS 全球导航卫星系统

GLONASS 全球导航卫星系统比 GPS 起步晚 9 年。从 1982 年 10 月 12 日发射第一颗 GLONASS 卫星开始，到 1996 年，13 年时间内历经周折，但始终没有终止或中断 GLONASS 卫星的发射。1995 年进行了 3 次成功发射，完成了 24 颗工作卫星加 1 颗备用卫星的布局。经过数据加载、调整和检验，于 1996 年 1 月 18 日整个系统正常运行。

GLONASS 系统在系统组成和工作原理上与 GPS 类似，也是由空间卫星星座、地面控制系统和用户设备三大部分组成。

四、NAVSAT 导航卫星系统

GPS 和 GLONASS 系统主要是为军事应用建立的卫星导航系统。欧洲航天局（ESA）筹建的 NAVSAT 导航卫星系统，则是一种民用卫星导航系统。NAVSAT 系统采用 6 颗地球同步卫星（GEO）和 12 颗高椭圆轨道星（HEO）组成混合卫星星座。12 颗 HEO 卫星均匀分布在 6 个轨道

平面内，6 颗 GEO 卫星同处于一个轨道平面内。地面上任何一点任何时间至少可以见到 4 颗 NAVSAT 卫星，以实现全天候、实时导航和定位。

五、INMARSAT 系统

INMARSAT 系统由国际移动卫星组织（原名国际海事卫星组织）筹建。最初，该系统仅具有卫星通信能力，在其 4 颗 INMARSAT-2 型卫星于 1992 年全部投入全球覆盖，进行通信运营之后，设计者便着手改进卫星的设计，即在其上加装卫星导航舱，设计制造了 4 颗 INMARSAT-3 型卫星，这 4 颗卫星入轨于 1996 年初运行之后，在向全球提供通信服务的同时，已具备了导航定位能力。

国际移动卫星组织成立于 1979 年，总部设在伦敦，目前有 106 个成员国，是提供全球卫星移动通信的政府间国际合作团体。成员国政府指定一个企业实体作为该国的签字者，代表本国政府参与 INMARSAT 的商业活动。中国是 INMARSAT 的创始成员国之一，代表中国政府签字的实体是交通运输部北京船舶通信导航有限公司（MCN）。从体制上说，IN-MARSAT 是一个国际民间航运社团能够放心使用的卫星导航系统。

六、GNSS 系统

1992 年 5 月，国际民用航空组织（ICAO）在未来的航行系统（FANS）会议上审议通过了计划方案“Global Navigation Satellite System”，即 GNSS 系统。该系统是一个全球性的位置和时间的测定系统，包括一个或几个卫星星座、机载接收机和系统完好性监视系统设备。

GNSS 系统起初是由 GPS+GLONASS+INMARSAT+GAIT+RAIM 组成的混合系统，其中 GAIT 为地面增强和完好性监视系统，RAIM 为机载独立完善监控系统。该混合系统建立后，ICAO 将允许在某些特定空域内，将 GNSS 作为单一导航手段运行。

国际民用航空组织为了打破一两个国家独霸卫星全球导航系统的被动局面，组建了一个类似于 INMARSAT 公司的国际性卫星导航工程公司，让民间用户摆脱受制于人的不安心理，将 GNSS 系统的所有权、控制权和运营权实行国际化，贯彻“集资共建，资源共享”方针。

第二节 全球卫星导航定位系统

一、GPS 定位的基本原理

GPS 定位，简单地说是根据几何与物理的基本原理，利用空间分布的卫星以及卫星与地面点间距离交会出地面点位置。假设卫星位置已知，我们又通过一定方法准确测定出地面点至卫星间的距离，那么该地面点一定位于以卫星为中心、以所测距离为半径的圆球上。若能同时测得该点至另两颗卫星的距离，则该点一定位于三圆球相交的两个点上。根据地理知识，很容易确定其中一个点是所需要的点。从测量的角度看，该原理相似于距离后方交会。可见单纯从几何角度而言，只要已知卫星位置又同时测定到 3 颗卫星的距离，即可进行定位。但如何同时测定地面点与卫星的距离呢？显然可以通过测量无线电波在空间传输的时间乘以传播速度求得。由于 GPS 卫星是分布在 20 000 多 km 高空的运动载体，要实现时间测定必须具有统一的时间基准，从解析几何角度，GPS 定位包括确定一个点的三维坐标与实现同步（接收机时钟相对于卫星时钟的偏差）4 个未知参数，因此必须通过测定到至少 4 颗卫星的距离才能定位。

二、GPS 系统组成

GPS 系统包括三大部分：空间部分（GPS 卫星星座）、地面控制部分（地面监控系统）、用户设备部分（GPS 信号接收机）。

（一）空间部分（GPS 卫星星座）

GPS 卫星星座由 21 颗工作卫星和 3 颗在轨备用卫星组成，记作（21+3）GPS 星座。24 颗卫星均匀分布在 6 个轨道平面内，轨道倾角为 55°，各个轨道平面之间相距 60°，即轨道的升交点赤经各相差 60°。每个轨道平面内各颗卫星之间的升交角距相差 90°，一轨道平面上的卫星比西边相邻轨道平面上的相应卫星超前 30°。

当地球相对恒星来说自转一周，GPS 卫星绕地球运行两周，即绕地球一周的时间为12恒星时。这样，对于地面观测者来说，每天将提前4 min见到同一颗GPS卫星。位于地平线以上的卫星颗数随着时间和地点的不同而不同，最少可见到4颗，最多可以见到11颗。在用GPS信号导航定位时，为了解算测站的三维坐标，必须观测4颗卫星，称为定位星座。这4颗卫星在观测过程中的几何位置分布对定位精度有一定的影响，对于某地某时，甚至不能测得精确的点位坐标，这种时间段叫作“间隙段”。这种时间间隙段是很短暂的，并不影响全球绝大多数地方的全天候、高精度、连续实时的导航定位测量。

在GPS系统中，GPS卫星用L波段的两个无线载波（19 cm和24 cm）向广大用户连续不断地发送导航定位信号。每个载波用导航信息D（t）和伪随机码（PRN）测距信号进行双相调制。用于捕获信号及粗略定位的伪随机码称为C/A码（又叫S码），精密测距码（用于精密定位）称为P码。由导航电文可以知道该卫星当前的位置和卫星的工作情况。

在卫星飞越注入站上空时，接收由地面注入站用S波段（10 cm波段）发送到卫星的导航电文和其他有关信息，并通过GPS信号电路，适时地发送给广大用户。接收地面主控站通过注入站发送到卫星的调度命令，适时地改正运行偏差或启用备用时钟等。

GPS卫星的核心部件是高精度的时钟、导航电文存储器、双频发射和接收机以及微处理机。GPS定位成功的关键在于高稳定度的频率标准，这种高稳定度的频率标准由高度精确的时钟提供。因为10^{-3} s的时间误差将会引起30 cm的站星距离误差，为此，每颗GPS工作卫星一般安设两台伽原子钟和两台铯原子钟，并计划未来采用更稳定的氢原子钟（其频率稳定度优于10^{-11}）。GPS卫星虽然发送几种不同频率的信号，但它们均源于一个基准信号（其频率为10.23 GHz），所以只需启用一台原子钟，其余作为备用。卫星钟由地面站检验，其钟差、钟速连同其他信息由地面站注入卫星后，再转发给用户设备。

（二）地面控制部分（地面监控系统）

对于导航定位来说，GPS卫星是一个动态已知点，卫星的位置依据卫星发射的星历（描述卫星运动及其轨道的参数）算得。每颗GPS卫星所播发的星历，是由地面监控系统提供的。卫星上的各种设备是否正常工作，以及卫星是否一直沿着预定轨道运行，都要由地面设备进行监测和控制。地面监控系统的另一重要作用是保持各颗卫星处于同一时间标准 GPS 时间系统，这就需要地面站监测各颗卫星的时间，求出钟差，然后由地面注入站发给卫星，卫星再由导航电文发给用户设备。

GPS 工作卫星的地面监控系统包括 1 个主控站、3 个注入站和 5 个监测站。

主控站设在美国科罗拉多。主控站的任务是收集、处理本站和监测站收到的全部资料，编算出每颗卫星的星历和 GPS 时间系统，将预测的卫星星历、钟差、状态数据以及大气传播改正编制成导航电文传送到注入站。主控站还负责纠正卫星的轨道偏离，必要时调度卫星，让备用卫星取代失效的工作卫星，另外还负责监测整个地面监测系统的工作，检验注入给卫星的导航电文，监测卫星是否将导航电文发送给了用户。

3 个注入站分别设在大西洋的阿森松岛、印度洋的迪戈加西亚岛和太平洋的夸贾林岛，任务是将主控站发来的导航电文注入相应卫星的存储器，每天注入 3 次，每次注入 14d 的星历。此外，注入站能自动向主控站发射信号，每分钟报告一次自己的工作状态。

5 个监测站除位于主控站和 3 个注入站之处的 4 个站以外，还在夏威夷设立了 1 个监测站。监测站的主要任务是为主控站提供卫星的观测数据，每个监测站均用 GPS 信号接收机对每颗可见卫星每 6 min 进行一次伪距测量和积分多普勒观测，采集气象要素等数据，在主控站的遥控下自动采集定轨数据并进行各项改正，每 15 min 平滑一次观测数据，依此推算出每 2 min 间隔的观测值，然后将数据发送给主控站。

（三）用户设备部分（GPS 信号接收机）

GPS 信号接收机的任务是能够捕获到按一定卫星高度截止角所选择的待测卫星的信号，并跟踪这些卫星的运行，对所接收到的 GPS 信号进行变换、放大和处理，以便测量出 GPS 信号从卫星到接收机天线的传播时间，解译出 GPS 卫星所发送的导航电文，实时地计算出测站的三维位置，甚至三维速度和时间。

完整的 GPS 用户设备包括接收机硬件、机内软件以及 GPS 数据的后处理软件包。

GPS 接收机的结构分为天线单元和接收单元两大部分。较早期的测地型接收机，两个单元一般分成两个独立的部件，观测时将天线单元安置在测站上，接收单元安置于测站附近的适当地方，用电缆线将两者连接成一个整机。近年来生产的接收机将天线单元和接收单元制作成一个整体，观测时将其安置在测站点上。

GPS 接收机一般用蓄电池作电源，同时采用机内机外两种直流电源。设置机内电池的目的在于更换外电池时不中断连续观测。在用机外电池的过程中，机内电池自动充电，关机后，机内电池为 RAM 存储器供电，以防止丢失数据。

三、GPS 在国民经济建设中的应用

（一）GPS 系统的特点

1. 定位精度高

GPS 相对定位精度在 50 km 以内可达 10^{-6}，100 ~ 500 km 可达 10^{-7}，1 000 km 以上可达 10^{-9}。在 300 ~ 1 500 m 工程精密定位中，1 h 以上观测的解其平面位置误差小于 1 mm。

2. 观测时间短

随着 GPS 系统的不断完善，软件的不断更新，20 km 以内相对静态定位，仅需 15 ~ 20 min ；快速静态相对定位测量时，当每个流动站与基准站相距在 15 km 以内时，流动站观测时间只需 1 ~ 2 min ；动态相对定位测量，每站观测时间仅需几秒钟。

3. 测站间无须通视

GPS 测量不要求测站之间互相通视，只需测站上空开阔即可，因此可节省大量的造标费用。由于无须点间通视，点位位置可根据需要选定，可稀可密，使选点工作甚为灵活。

4. 可提供三维坐标

GPS 测量可同时精确测定测站点的三维坐标，不需将平面与高程分别施测。

5. 操作简便

GPS 接收机不仅体积越来越小，重量越来越轻，而且自动化程度越来越高，极大地减轻了测量工作者的工作紧张程度和劳动强度，使野外工作变得轻松愉快。

6. 全天候作业

GPS 观测可在一天 24 h 内的任何时间进行，不受阴天、黑夜、起雾、刮风、下雨、下雪等气候的影响。

7. 功能多、应用广

GPS 系统不仅可用于测量、导航，还可用于测速、测时，测速的精度可达 0.1 m/s，测时的精度可达几十微秒，其应用领域十分广泛。

（二）GPS 系统的应用前景

最早设计 GPS 系统的主要目的是用于导航、收集情报等军事目的，但后来的应用开发表明，GPS 系统不仅能够达到上述目的，而且用 GPS 卫星发来的导航定位信号能够进行厘米级甚至毫米级精度的静态相对定位，米级至亚米级精度的动态定位，亚米级至厘米级精度的速度测量和毫微秒级精度的时间测量，因此 GPS 系统展现了极其广阔的应用前景。

目前，GPS 已经像汽车、无线电通信等一样产业化，GPS 信号接收机在人们生活中的应用，是一个难以用数字预测的广阔天地。GPS 已经像移动电话、传真机、计算机、互联网一样，在人们的生活中被普遍使用。

（三）我国的 GPS 定位技术应用和发展情况

20 世纪 80 年代初，我国就已开始研究 GPS 技术，20 多年来，我国的测绘工作者在 GPS 定位基础理论研究和应用开发方面均做了大量工作。

在大地测量方面，利用 GPS 技术开展国际联测，建立全球性大地控制网，提供高精度的地心坐标，测定和精化大地水准面。组织各部门进行全国 GPS 定位大会战，经过数据处理，GPS 网点地心坐标精度优于 0.2 m，点间相对精度优于 10^{-8}。我国建成了平均边长约 100 km 的 GPS A 级网，提供了亚米级精度地心坐标基准。在 A 级网的基础上，又布设了边长为 30 ~ 100 km 的 B 级网。A、B 级 GPS 网点都联测了几何水准，为我国各部门的测绘工作建立各级测量控制网提供了高精度的三维基准。

在工程测量方面，除布设各种等级的工程控制网外，GPS 还用于城市和矿区地面沉降监测、大坝变形监测、高层建筑变形监测、隧道贯通测量等工程。应用GPS实时动态定位技术测绘各种比例尺地形图和施工放样。应用 GPS 技术进行航测外业控制测量、航摄飞行导航、机载 GPS 航测等航测成图等。GPS 技术还应用于海洋测量、水下地形测绘等领域。

在地球动力学方面，GPS 技术用于全球板块运动监测和区域板块运动监测。我国已用 GPS 技术监测南极洲板块运动、青藏高原地壳运动、四川鲜水河地壳断裂运动，建立了地壳形变观测网，如三峡库区形变观测网、首都圈 GPS 形变监测网、长江三角洲地面沉降监测网等。

在军事部门、交通部门、邮电部门、地矿、石油、建筑以及农业、气象、土地管理、金融、公安等部门和行业，在航空航天、测时授时、物理探矿、姿态测定等领域，都广泛开展了 GPS 技术的研究和应用。

我国已建成北京、武汉、上海、西安、拉萨、乌鲁木齐等永久性的 GPS 跟踪站，研制开发了精密定轨软件，进行 GPS 卫星的精密定轨，为高精度的 GPS 定位测量提供观测数据和精密星历服务。在理论研究与应用开发的同时，还培养和造就了一大批技术人才和产业队伍。

除了积极研究 GPS 技术，我国还参与全球导航卫星系统（GNSS）和 GPS 增强系统（WAAS）的建设，同时，建设了自己的卫星导航系统。

第三节　GNSS 技术的定位模式

一、定位方法分类

按定位模式分为单点定位（绝对定位）和相对定位。单点定位就是根据卫星星历与单台接收机的观测数据来确定待定点在地球坐标系中的绝对位置的方法，其优点是一台接收机单独定位，观测、计算简单，而且可实时定位。一般采用卫星广播星历与伪距观测量，由于受各种系统误差的影响，定位精度较低，只可用于低精度的导航、资源普查等。为了充分发挥单台接收机定位方便快捷的优势，从削弱单点定位中的误差影响入手，提出了精密单点定位技术。精密单点定位是利用全球若干地面跟踪站的 GNSS 观测数据计算得到的精密星历与卫星钟差，对单台 GNSS 接收机采集的相位和伪距观测值进行定位解算，双频接收机实时动态定位可以达到 2 ~ 4 dm，快速静态定位可以达到 2 ~ 4 cm。精密单点定位可用于全球高精度测量与卫星定轨。

在单点定位中，由于卫星星历误差、接收机钟与卫星钟同步差、大气折射误差等各种误差的影响，导致其定位精度较低。尽管这些误差已做了一定的处理，但是实践证明绝对定位的精度仍不能满足精密定位测量的需要。为了进一步消除或减弱各种误差的影响，提高定位精度，一般采用相对定位法。

相对定位是用两台或两台以上 GNSS 接收机，分别安置在若干基线的端点，同步观测相同的卫星，通过两测站同步采集数据，经过数据处理以确定基线两端点的相对位置或基线向量。

在相对定位中，两个或多个观测站同步观测同组卫星的情况下，卫星的轨道误差、卫星钟差、接收机钟差以及大气层延迟误差，对观测量的影响具有一定的相关性。利用这些观测量的不同组合，按照测站、卫星、历元 3 种要素来求差，可以大大削弱有关误差的影响，从而提高相对定位精度。

根据定位过程中接收机所处的状态不同，相对定位可分为静态相对定位和动态相对定位。它既可采用伪距观测量，也可采用相位观测量，大地测量或工程测量均应采用相位观测值进行相对定位。测地型接收机利用卫星载波相位进行静态相对定位，可以达到 10^{-8} ~ 10^{-6} 的高精度，但是为了可靠地求解整周模糊度，必须连续观测 1 ~ 2 h 或更长时间，这限制了其在有些需要实时或快速定位领域的应用。

按待定点的状态分为静态定位和动态定位两大类。静态定位是指待定点的位置在观测过程中是固定不变的，如 CNSS 在大地控制测量中的应用。动态定位是指待定点在运动载体上，在观测过程中位置是随时变化的，如 GNSS 在船舶导航中的应用。静态相对定位的精度一般在几毫米至几厘米范围内，动态相对定位的精度一般在几厘米到几米范围内。对信号的处理，从时间上划分为实时处理和后处理。实时处理就是一边接收卫星信号一边进行计算，获得目前所处的位置、速度及时间等信息；后处理是指把卫星信号记录在一定的介质上，回到室内统一进行数据处理。一般来说，静态定位用户多采用后处理，动态定位用户采用实时处理或后处理。

二、GNSS RTK 技术

GNSS RTK 技术是基于载波相位观测值的实时动态定位技术，该测量技术能够实时提供流动站在指定坐标系中的三维坐标，在一定范围内可达到厘米级精度。其原理是由基准站通过数据链实时将其载波相位观测值及基准站坐标信息一起传送给流动站，流动站将接收的卫星的载波相位与来自基准站的载波相位组成相位差分观测值，通过实时处理确定用户站的坐标。所谓数据链是由调制解调器和电台组成，用于实现基准站与用户之间的数据传输。RTK 技术的关键在于数据处理技术和数据传输技术,RTK 定位时要求基准站接收机实时地把观测数据（伪距观测值、相位观测值）及已知数据传输给流动站接收机。

这项技术的问世，极大地提高了外业作业效率，拓展了 GNSS 的使用空间。特别对于测绘领域,使其从只能做控制测量的局面中摆脱出来，而开始广泛运用于工程测量。但 RTK 技术也有一定局限性：①用户需要架设本地的参考站；②误差随距离而增大；③误差的增大使流动站和参考站距离受到限制（小于 15 km）；④可靠性和可行性随距离降低。

计算机技术、网络技术以及通信技术的进步，推动了连续运行卫星定位导航服务系统（CORS）的出现与发展。连续运行参考站系统可以定义为一个或若干个固定的、连续运行的 GNSS 参考站，利用现代计算机、数据通信和互联网（LAN/WAN）技术组成的网络，实时地向不同类型、不同需求、不同层次的用户自动地提供经过检验的不同类型的观测值（载波相位、伪距）、各种改正数、状态信息，以及其他有关 CNSS 服务项目的系统。CORS 系统由基准站网、数据处理中心、数据传输系统、定位导航数据播发系统、用户应用系统五个部分组成，各基准站与监控分析中心间通过数据传输系统连接成一体，形成专用网络。与传统的 RTK 作业相比，连续运行参考站具有作用范围广、精度高、野外单机作业等众多优点。

目前全国部分省、市已建成或正在建立的省、市级 CORS 系统，如北京、天津、上海、广州、东莞、成都、武汉、昆明、重庆、青岛等。CORS 系统不仅是一个动态的、连续的定位框架基准，同时也是快速、高精度获取空间数据和地理特征的重要的基础设施。CORS 可向大量用户同时提供高精度、高可靠性、实时的定位信息，并实现测绘数据的完整统一。它不仅可以建立和维持城市测绘的基准框架，更可以全自动、全天候、实时提供高精度空间和时间信息，成为区域规划、管理和决策的基础。该系统还能提供差分定位信息，开拓交通导航的新应用，并能提供高精度、高时空分辨率、全天候、近实时、连续的可降水汽量变化序列，并由此逐步形成地区灾害性天气监测预报系统。此外，CORS 系统可用于通信系统和电力系统中高精度的时间同步，并能为地面沉降、地质灾害、地震等提供监测预报服务，研究探讨灾害时空演化过程。

第四节　卫星导航定位系统的应用

卫星导航定位系统是一种高精度、全天候和全球性的连续定位、导航和定时的多功能系统，而且具有定位速度快、费用低、方法灵活及操作简便等特点，所以它已发展成为多领域（陆地、海洋、航空航天）、多模式（GPS、DGPS、RGPS 等）、多用途（导航制导、工程测量、大地测量、地球动力学、卫星定轨及其他相关学科）、多机型（机载式、车载式、船载式、星载式、弹载式、测地型、定时型、全站型、手持型、集成型）的高新技术国际性产业。

首先，卫星导航定位为民用领域带来巨大的经济效益。按应用市场分为专业应用市场、生命安全市场、大众消费市场 3 类。其中专业应用市场主要包括大地测量、石油物探、地质勘探、国土资源调查、土木与水利工程、地理信息采集、物流管理、气象预报、精细农业、车辆与机器控制、构筑物安全监测等。生命安全市场主要包括航空、铁路、航海、内陆水运、医疗救护、警察 / 消防、搜索救援、人员保护、交通监视、危品运输等。大众消费市场主要包括个人出行导航、车辆导航、车队管理、公交车调度、团队户外活动等。

按不同的服务目的划分，有下列几个方面的应用。

一、应用于导航

船舶远洋导航和进港引水；飞机航路引导和进场降落；汽车自主导航；地面车辆跟踪和城市智能交通管理；紧急救生；个人旅游及野外探险；个人通信终端（与手机、PDA、电子地图等集成一体）。

二、应用于授时校频

电力、邮电、通信等网络的时间同步；准确时间的授入；准确频率的授入。

三、应用于高精度测量

建立国家大地控制网和坐标系统；建立省、市大地控制网；水下地形测量；地壳形变测量；地质灾害监测；桥梁、大坝和大型建筑物变形监测；GIS 应用；工程机械（集装箱轮胎吊，推土机等）控制；精细农业。

卫星导航是军事应用的重要领域。卫星导航可为各种军事运载体导航，例如为弹道导弹、巡航导弹、空地导弹、制导炸弹等各种精确打击武器制导,可使武器的命中率大为提高,武器威力显著增长。卫星导航已成为武装力量的支撑系统和武装力量的倍增器。卫星导航可与通信、计算机和情报监视系统构成多兵种协同作战指挥系统。卫星导航可完成各种需要精确定位与时间信息的战术操作，如布雷、扫雷、目标截获、全天候空投、近空支援、协调轰炸、搜索与救援、无人驾驶机的控制与回收、火炮观察员的定位、炮兵快速布阵以及军用地图快速测绘等。

卫星导航可用于靶场高动态武器的跟踪和精确弹道测量，以及时间统一勤务的建立与保持。当今世界正面临一场新军事革命，电子战、信息战及远程作战成为新军事理论的主要内容。卫星导航系统作为一个功能强大的军事传感器，已经成为未来的重要武器。

第六章　数字地球的关键技术

第一节　数字地球概念与简介

一、数字地球的基本概念

数字地球是戈尔在发表的题为“数字地球：认识 21 世纪我们所居住的星球”演说时，提出的一个与 GIS、网络、虚拟现实等高新技术密切相关的概念。在戈尔的文章内，数字地球被看成“对地球的三维多分辨率表示、它能够放入大量的地理数据”。在接下来对数字地球的直观实例解释中可以发现，戈尔的数字地球学是关于整个地球、全方位的 GIS 与虚拟现实技术、网络技术相结合的产物。

数字地球是指数字化的地球，更确切地说是信息化的地球，是与国家信息化的概念一致的。信息化是指以计算机为核心的数字化、网络化、智能化和可视化的全部过程。数字地球是指以地球作为对象的，以地理坐标为依据，具有多分辨率、海量的和多种数据融合的，并可用多媒体和虚拟技术进行多维（立体的和动态的）表达的，具有空间化、数字化、网络化、智能化和可视化特征的技术系统。简单地说，数字地球是指实现地球数字化或信息化的技术系统，也就是数字化的虚拟地球。

陈述彭院士指出：“从科学的角度讲，数字地球通俗易懂，是一个面向社会的号召；实质地说，数字地球就是要求地球上的信息全部实现数字化”。数字地球是以地球作为研究对象的高新技术系统，是很多技术，尤其是信息技术的综合，是 21 世纪的重大技术工程。数字地球是由遥感技术、遥测技术、数据库与地理信息系统技术、高速计算机网络技术和虚拟技术为核心的高新技术系统，数字地球是地球科学与信息科学技术的综合，是一门综合性的科学技术。

综上所述，数字地球的基本概念，可以归纳为以下两个方面：①数字地球是指数字化的三维显示的虚拟地球，包括数字化、网络化、智能化与可视化的地球技术系统；②数字地球是一次新的技术革命，将改变人类的生产和生活方式，进一步促进科学技术的发展和推动社会经济的进步。

数字地球将不同空间、时间、物质和能量的多种分辨率的有关资源、环境、社会、经济和人口等海量数据或信息，按地理坐标，从局部到整体，从区域到全球进行整合、融合及多维显示，并为解决复杂生产实践和知识创新、技术开发与理论研究提供实验条件和实验基地，这是一个大的技术革命，代表着当前科技的发展战略目标和方向。

二、数字地球核心技术综述

（一）数字地球技术系统的核心技术

数字地球技术系统的核心技术包括以下几个方面。

1. 计算科学

在计算机出现前，科学试验或实验这种创造知识的方法一直受到限制，尤其是对于复杂的自然现象，包括地球的某些现象是不能进行实验的。计算机，尤其是高速计算机的出现，不仅能对复杂的数据进行实时、准实时地分析，还能对复杂的现象进行仿真和虚拟实验，达到知识创新和发展理论的效果，所以把科学计算放在首位。

2. 海量存储

要求每天能存储和处理 10^{15} 字节以上的设施，而且信息量还在不断增长。

3. 卫星图像

行政部门已授权商业卫星系统提供优于 1 m 空间分辨率，甚至 1 ft（1 ft=0.3048m）分辨率的图像，这为编制地图提供了足够的精度，实现了以前只有航空影像才能达到的精度。

4. 宽带网络

数字地球所需的数据绝不是由一个数据库来存储，而是由无数个，分布在不同部门、不同地点的，即分布式的数据库来存储，并由高速网络来链接。网络的传输速度目前要求为 10 G/s，将来要求达到 10^3 G/s。

5. 互操作

WebGIS 是一个基于网络，以地球空间信息的管理、开发、处理和应用为目标的技术系统。OpenGIS 为 GIS 的开放、集成、合作和人机和谐的标准和规范。它可以进行不同层次的互操作，可以使一种应用软件产生的地理信息被另一种软件读取。GIS 产业部门正在通过 OpenGIS Consortium 解决这个问题。

（二）数字地球技术系统的框架

数字地球技术系统的框架由以下四个部分组成。

1. 基础技术

数字地球技术系统的基础技术，由遥感（RS）、遥测（TM）、地理信息系统（GIS）、互联网（Internet）、万维网（Web）传输数据，地理信息系统则承担处理、存储及分析数据的任务，同时形成万维网地理信息系统（WebGIS）和组件式地理信息系统（ComGIS）。

2. 关键技术

包括 1 m 分辨率的卫星遥感技术，海量数据的快速存储与处理技术，高速网络技术，WebGIS 与 OpenGIS 的互操作技术，多分辨率、多维数据的融合与主体动态表达技术，仿真与虚拟技术，Metadata 技术。

3. 实现层

区域与目标层、国家层、地区层和全球层。

4. 应用层

专业生产、城市与区域、政治与外交、安全与国防、科研与教学等。

技术系统有着以下几个特点：①速度快、精度高和实现共享；②从局部扩大到全球范围，即全球化；③包括资源、环境、经济、社会、人口等各种数据以地球坐标进行组织和整合，提高了数据的应用水平与价值。

第二节　数字地球元数据标准与特点

一、元数据简介

元数据现在普遍定义为关于数据的数据，或关于数据的结构化数据。针对这一简单的定义，各界的专家和学者都对它做了进一步的解释和扩展，虽然目前没有形成一个统一的、更为精确的定义，但是人们对这一概念的以下认识却被广泛接受。

元数据不一定是数字的。元数据所记录的信息对象也不一定是数字的。图书馆的图书、博物馆的艺术品及档案馆中的档案向来就是元数据所描述的对象，因此，元数据所记录的信息对象既有实体资源也有数字资源。

元数据兴盛于数字时代。尽管元数据的历史可以追溯到手工记录的时代，而元数据的广泛应用和发展却是在电子文档，即数字资源大量产生的时代。尤其是为适应网络上海量信息资源的管理和利用，现代元数据以全新的面貌迅速发展起来。随着网络信息资源的普遍开发与利用，元数据越发不可或缺。

众所周知，信息资源的内容十分丰富，这与它的信息来源广泛、信息发布自由有关。互联网能够折射社会生活的各个领域，因此人类生产、生活、科研、娱乐及其他社会实践活动中产生的各种信息资料都可在互联网上找到。网络信息资源涉及很多语种，关联许多学科，加之许多新事物、新学科往往先在网上披露和报道。另外，与实体信息资源相比，网络信息资源采用的格式更是多种多样。而格式不同，文献的类型也不相同。例如，在 Web 页上，既有以 HTML 语言编制的 ASCII 文件，也有与 Web 页相链接的文本、图像、声音等信息，甚至导致服务器类型也不相同，即网络信息资源的使用与提供信息的站点的软硬件和服务有关。简言之，信息资源呈现出多元化的发展趋势，信息资源的文献类型及资源的应用环境（包括学科领域、行业部门）也呈现出多样化的发展趋势。

与此同时，用户对信息资源的利用需求也表现出多元化、专门化的特点，包括用户对信息内容要求的专业化、多层次化，对信息表达形式（文献类型）的多样化，以及信息提供途径的多样化等。在这种背景下，描述资源的元数据也呈现出多元化、专门化的发展趋势。

元数据方案的制订总是在特定应用下开展的。因为这些元数据反映不同领域的实践和原则，满足不同领域用户的不同需求，所以应为不同领域制定不同的元数据。

二、元数据标准格式与特点

地球空间数据元数据标准既应有元数据的共性，也应反映地球空间数据自身的特征。同其他数据相比，地球空间数据较为复杂，它既涉及空间位置，也有属性数据及其之间的关联，所以，地球空间元数据标准的建立是项复杂的工作。由于种种原因，某些数据组织或数据用户开发出来的标准很难被广泛接受，对地球空间元数据标准的研究是地球空间元数据中最受关注和亟待解决的问题。元数据标准的建立为地球空间数据的使用和共享服务，并面向各类数据生产者和数据用户。由于现在已有的地球空间数据许多没有建立起相应的元数据，因此，地球空间元数据标准不宜太复杂，以降低元数据制作的费用和被更多的数据使用者所接受。目前，地球空间元数据已形成了一些区域性或部门性的标准，正像数据转换标准一样，由于人为的和客观的原因，仍没有一个标准成为全球统一的空间数据元数据标准。

第三节　空间数据的数字化

以非数字形式存在的数据，都必须经过数字化处理转化为数字数据，才能为 GIS 所支持和使用。已经是数字形式的数据，只需通过软件读入计算机，进行必要的处理后，为 GIS 所使用。

一、纸质地图的数字化

纸质地图数字化的方式有两种。

一种方式是通过数字化仪，获得矢量数据。不过这种曾经在 2000 年前流行的数字化方法，现在已经不经常使用了。

另一种方式是使用数字扫描仪先将需要数字化的对象转化为数字扫描图像，然后再对其进行数字化处理，是当今数字化使用的主要设备和方法。将纸质的地图、影像、文本资料等进行数字化，常采用这种方式。数字扫描仪有多种类型。数字化所得到的数字图像经坐标转换处理后，得到 DRG 数据，常用于制图和可视化的底图或背景图使用。如果对其线性化处理，可以得到 DLG 数据，经处理后得到 GIS 数据。

二、影像或图片数据的数字化

扫描所得到的数字数据需要进行地理坐标的参考化处理，方能与地图数据一起使用。有时还需要进行影像的拼接和匀光处理。

三、文本数据的数字化

文本数据如果不是数字形式的，也需要进行数字化处理。可以采用与影像和图片数字化的方式，但需要借助文字识别软件，转化为计算机可以识别的字符。当然，也可以采用键盘输入的方式进行数字化。

第四节　空间数据坐标转换方法

地理空间数据除因地理参考系统不同，需要进行地理坐标和投影坐标转换外，经常还需要进行平面直角坐标系之间的转换。

一、空间坐标转换概念

两个直角平面坐标系之间的转换是根据选定的位于两个坐标系中的一定数量的对应控制点，选定坐标转换的计算方法，解算坐标转换的计算参数，建立坐标系之间转换的数学关系后，将一个坐标系中的所有对象的几何坐标转换到另一个坐标系的过程。遇到下列情形时，需要进行空间坐标转换。

当数字化设备坐标系的测量单位和尺度与地图的真实世界坐标系不一致时，需要将设备坐标系转换到地图坐标系。如地图数字化仪、地图扫描仪坐标到地图坐标的转换。

（一）自由坐标系到地图坐标系的转换

如一些地方坐标系（如城市坐标系）、自由测量坐标系需要转换到地图坐标系。一般来讲，地方坐标系与地图坐标系之间的转换参数是已知的，不需要解算，可以直接根据转换参数进行坐标转换。

（二）影像的文件坐标系到地图坐标系的转换

影像文件的坐标系是左上角为原点的坐标系，坐标单位是像素。将其转换为地图坐标系，也称为影像的地理坐标参考化。

（三）计算机屏幕坐标系、绘图仪坐标系与地图坐标系的转换

在 GIS 中，地图特征是按照真实世界坐标存储的，如果将其显示在计算机屏幕或制图输出，需要经地图坐标系转换为屏幕坐标系和绘图仪坐标系。

（四）中心投影坐标系到地图坐标系的转换

如果是从一张中心投影的相片直接提取的数据，需要经过正射投影方法（透视投影）转换为地图坐标系。

二、常用的坐标转换方法

常用的坐标转换方法有相似变换、仿射变换、多项式变换和透视变换等。

（一）相似变换

相似变换主要解决两个坐标系之间的坐标平移和尺度变换。当两个坐标系存在夹角，坐标原点需要平移，两坐标轴 X、Y 方向具有相同的比例缩放因子时，使用相似变换。

（二）仿射变换

如果两个坐标系存在原点不同，两坐标轴在 X、Y 方向的比例因子不一致，坐标系之间存在夹角、倾斜等仿射变形，就需要采用仿射变换。

（三）多项式变换

如果存在图形的二次或高次变形改正，同时需要进行坐标平移、比例缩放、旋转等，则需要采用二次或高次多项式进行转换。

（四）透视变换

如果图形存在透视变形，就需要进行透视变换。

三、坐标转换方法的应用

地图在数字化时可能产生整体的变形，归纳起来，主要有仿射变形、相似变形和透视变形，图纸的变形常常产生前两种变形。新创建的数字化地图、数字化设备的度量单位与地图的真实世界坐标（测量坐标）单位一般不会一致，且存在变形，需要进行从设备坐标到真实世界坐标的转换。影像文件坐标的空间参考化等，常采用仿射变换方法。

屏幕坐标系、绘图仪坐标系和自由坐标系之间的转换常采用相似变换方法。存在高次变形的地图数据，如果需要与地图坐标数据进行配准、坐标转换，则采用多项式转换方法。

第五节 网络地理信息系统技术

一、WebGIS 概述与特点

近几年来，基于 Internet 的浏览器 / 服务器（browser/server）的应用形式已成为一种工业标准，被广泛用于信息发布、检索等诸多领域。据统计，在人们接触的各种信息中有 80% 与空间信息有关，GIS 为处理空间信息提供了最佳的方法和手段。Internet 的迅速发展为 GIS 提供了一种崭新而又有效的地理信息载体。传统的地理信息是以纸张地图的形式公布于众的，成本高、周期长、地理信息（位置）查询麻烦。GIS 技术的飞速发展虽然为地理信息的电子化、可视化、中央存储管理化带来了重大革新，但地理信息只限于局域网内部使用，而大众对地理信息的需求在不断增长。运用当今先进的 GIS 技术和 Internet 技术，将地理信息发布于 Internet 上，为现有的信息服务行业注入新鲜血液，也将是地理信息服务行业新的发展方向。

WebGIS 是指基于 Internet 平台，客户端采用应用 HTTP 协议，以互联网为通信平台的地理信息系统。它是地理信息系统技术和互联网技术相结合的产物，WebGIS 是 GIS 发展的必然趋势，利用互联网的优势，实现数据和平台的共享，把传统 GIS（服务器 / 客户端）以 B/S 结构（服务器 / 浏览模式）进行重新组织。

在 WebGIS 中，具有以下一些特点：①不受限制的访问方式；②低成本更容易推广；③跨平台特性。

二、WebGIS 的实现模式和技术分析

WebGIS 的实现模式有通用网关接口（CGI）模式、Plug–in 模式（含 Helper 程序）、GIS Java Applet、GIS ActiveX 控件等。基于服务器端的互联网 GIS 是由 CGI 模式构造的，而基于客户机端的互联网 GIS 的构造模式有 Plug–in 模式（含 Helper 程序）、GIS Java Applet、GIS ActiveX 控件等。

对互联网 GIS 构造模式的分析主要从体系结构特征、工作原理、优点缺点和实例等方面进行。在此基础上，对构造模式进行综合评价。综合评价的内容包括执行能力、相互作用、可移动性和安全性等。

WebGIS 技术分析主要从以下几个方面进行。

（一）客户端技术

客户端技术主要为 APPLET。

有 APPLET 的网页的 HTML 文件代码中部带有 <applet> 和 </applet> 这样一对标记，当支持 Java 的网络浏览器遇到这样的标记时，就将下载相应的小应用程序代码并在本地计算机上执行该 APPLET。Java

APPLET 是运用 Java 语言编写的一些小应用程序，这些小应用程序直接嵌入页面中，由支持 Java 的浏览器（IE 或者是 Netscape）解释执行能够产生特殊效果的程序。它可以大大提高 Web 页面的交互能力和动态执行能力。

（二）服务器端技术

服务器端技术主要为 J2EE。

J2EE 是一种利用 Java2 平台来简化企业解决方案的开发、部署和管理相关复杂问题的体系结构。J2EE 技术的基础就是核心 Java 平台或者是 Java2 平台的标准版。J2EE 不仅巩固了标准版中的许多优点，如一次编译、到处执行的特性，方便存储数据库的 JDBC API，CORPA 技术及能够在 Internet 中保护数据的安全模式等，还提供了对 EJB、Java Servlets APT、JSP 及 XML 技术的全面支持。其最终目的就是成为一个能使企业开发者大幅缩短投放市场时间的体系结构，J2EE 体系结构提供中间层集成框架用来满足不需要太多费用而又需要高可用性、高可靠性及可扩展性的应用的需求。

（三）WebGIS 的多层体系结构

在 WebGIS 系统中，用户可以通过浏览器向分布在网络上的许多服务器发出请求。这种结构极大地简化了客户端的工作，客户端只需安装、配置少量的客户端软件即可，服务器将担负更多的工作，对数据库的访问和应用程序的执行都在服务器上完成。在 WebGIS 3 层体系结构下，表示层、功能层、数据层被分割成三个相对独立的单元。

1. 表示层

第一层为表示层。Web 浏览器在表示层中包含系统的显示逻辑，位于客户端。它的任务是用 Web 浏览器向网络上的某一 Web 服务器提出服务请求，Web 服务器对用户身份进行验证后用 HTTP 协议把所需的主页传送给客户端，客户端接受传来的主页文件，并把它显示在 Web 浏览器上。

2. 功能层

第二层为功能层。具体应用程序扩张功能的 Web 服务器在功能层中包含系统的事务处理逻辑，位于 Web 服务器端。它的任务是接受用户的请求，首先需要执行相应的扩展程序与数据库进行连接，通过 SQL 等方式向数据库服务器提出数据处理申请，再由 Web 服务器传送回客户端。

3. 数据层

第三层为数据层。数据库服务器在数据层中包含系统的数据处理逻辑，位于数据库服务终端。它的任务是接受 Web 服务器对数据库操作的请求，实现对数据库的查询、修改、更新等功能，把运行结果提交给 Web 服务器。

三、组件式 GIS

GIS 技术的发展，在软件模式上经历了功能模块、包式软件、核心式软件，到 ComGIS 和 WebGIS 的过程。

组件式软件是新一代 GIS 的重要基础，ComGIS 是面向对象技术和组件式软件在 GIS 软件二次开发中的应用。

COM 是组件式对象模型的英文缩写，是 OLE 和 ActiveX 共同的基础。COM 不是一种面向对象的语言，而是一种二进制标准。

COM 所建立的是一个软件模块与另一个软件模块之间的链接，当这种链接建立后，模块之间就可以通过称之为“接口”的机制来进行通信。

ActiveX 是一套基于 COM 的可以使软件组件在网络环境中进行互操作而不管该组件是用何种语言创建的技术。作为 ActiveX 技术的重要内容，ActiveX 控件是一种可编程、可重用的基于 COM 的对象。ActiveX 控件通过属性、事件、方法等接口与应用程序进行交互。

ComGIS 的基本思想是把 GIS 的各大功能模块划分为几个控件，每个控件完成不同的功能。各个 GIS 控件之间、GIS 控件与其他非 GIS 控件之间，可以方便地通过可视化的软件开发工具集成起来，形成最终的 GIS 应用。

ComGIS 具有高效无缝的系统集成、无须专门 GIS 开发语言、大众化的 GIS、成本低等优点。传统 GIS 软件与用户或者二次开发者之间的交互，一般通过菜单或工具条按钮、命令及二次开发语言进行。ComGIS 与用户和客户程序之间则主要通过属性、方法和事件交互。

第六节　虚拟仿真与 VR-GIS 技术

一、数字地球的虚拟与仿真技术

（一）虚拟技术

虚拟技术，全称为虚拟现实，是指运用计算机技术生成一个逼真的，具有视觉、听觉、触觉等效果的可交互、动态世界，人们可以对该虚拟世界中的虚拟实体进行操作和考察。它具有以下的特点：①用计算机生成一个逼真的物体，具有三维视觉、立体听觉和触觉的效果。②用户可以通过五官、四肢与虚拟实体进行交互，如移动由计算机生成的虚拟物体，并产生符合物理的、力学的和生物原理的行为和逼真的感觉。③虚拟技术具有从外到内，或从内到外观察数据空间的特征，在不同空间漫游。而一般可视化，仅是从计算机的监视器上从外到内观察数据空间，缺乏临场感。④往往需要借助三维传感技术（如数字头盔、手套及外衣等）为用户提供一个可操作的环境，然后可在该环境生成的虚拟世界中自由漫游。⑤虚拟有三种类型：只看到计算机产生的虚拟世界，即图像（投入式）；既能看到虚拟世界，又能看到真实世界（非投入式）；能把虚拟与真实世界相叠加（混合式）。

虚拟技术的基础是高级的三维图形技术、问题求解工具、多媒体技术、网络通信技术、数据库、信息系统、专家系统、面向对象技术和智能决策系统等技术的集成。

虚拟技术还包括“遥操作”或“遥现”技术，指基于虚拟现实技术在远距离处对分布式的计算机系统（包括 GIS 或其他仪器和机器）进行的控制或操作，包括对远距离的机械进行操作或将远距离处的景象进行显示的技术，即 WebGIS、ComGIS 与 VR-GIS 相结合的技术。

（二）仿真技术

仿真技术与虚拟技术有很多相同之处，但存在着一定的差别。仿真技术的特点是：①用户对虚拟的物体只有视觉或听觉，没有触觉；②用户没有亲临其境的感觉，只有旁观者的感觉；③不存在交互作用；④如用户推动计算机环境中的物体，不会产生符合物理的、力学的行为或动作。

虚拟与仿真都是由计算机进行科学计算和多维表达（显示）的重要方面。它的应用前景与科学价值受到广泛关注。尤其是虚拟技术，近年来日益受到重视。

二、虚拟现实系统的基本类型和虚拟技术系统的结构

（一）虚拟现实系统的基本类型

虚拟现实系统的基本类型主要包括以下几种。

1. 视频映射系统

视频映射系统指能使用常规计算机的显示器表达虚拟世界的技术系统，又称桌面虚拟现实系统或世界之窗。人们可以通过计算机屏幕看见一个虚拟世界，景象看起来和听起来真实，而且行为或运动也真实。

2. 沉浸式系统

沉浸式系统是指运用头盔式、手套式、盔甲式的显示器和传感器使人的视觉、听觉、触觉及一切感觉沉浸在虚拟世界的计算机系统中，或者是指利用多个大型投影产生一个房间，观众处于其中而有一种身临其境的感觉。这是较高级的虚拟现实系统。

3. 分布式虚拟系统

分布式虚拟系统是指 VR 技术与 Internet–Web（包括 Internet 和 Extranet）相结合的多媒体虚拟系统。该系统的特点是在数据存放于不同地点、不同单位的，即分布式的数据库中，使用时通过 Internet–Web 标尺集成，再用 VR 技术处理、显示，通过遥测、遥控技术把用户的感觉和真实世界中的远程传感器连接起来，形成与真实世界结合在一起的感觉。

（二）虚拟技术系统的结构

虚拟技术系统的结构主要包括以下技术。

1. 输入处理技术

除一般的硬件和软件外，还要有方位跟踪器手套、小棒。头部跟追踪器（头盔）、数据衣（盔甲）及高精度实时跟踪用户形体输入处理器、网络化的 VR 系统，还需加上接收器。语音识别系统也是其主要的组成部分，数据手套还需增加姿态识别功能。

2. 仿真处理技术

仿真处理技术是 VR 系统的核心。它处理交互执行物体的脚本，以实现所描述的动作，仿真真实的或想象的物理规律，并确定世界的状态。仿真引擎负责把用户输入、碰撞检测、脚本描述等既定任务送入世界，并确定虚拟世界中将要发生的动作。对网上 VR 系统来说，可能在多个仿真过程互相不同的计算机上运行，而其中每一个都使用不同的时间步，调度十分复杂。

3. 描绘输出技术

描绘输出技术是 VR 技术系统的最终成果，目的是使用户有身临其境的感觉，包括视觉、听觉、触觉及其他生物学的感觉等。

4. 视觉描绘器

视觉描绘器是以计算机图形学、科学可视化和动画为基础的，包括实体造型、光照模型、实体绘制、消影、纹理映射、场景造型及材质等。其绘制质量取决于阴影模型。动态性和适时性是视觉描绘的关键。

5. 听觉描绘器

音频组件的质量对听觉描绘影响很大。它能产生单声道、立体声或 3D 效应，仅有立体声是不够的，因为人的思维总是力图在头脑中对声音定位。声音只有通过头相关变换函数（HRTF）处理，才能产生 3D 效果。

6. 触觉描绘系统

触觉描绘系统主要是对接触和力反馈的感觉的描述。很多力感觉系统是一种骨架形式，它既能确定方位，又能产生移动阻力和抵抗阻力的感觉。目前对于温度感觉的研究也已经有了一定的进展。

7. 数据库系统

数据库系统包括现实数据和历史数据都是主要的数据内容。数据库应包括分布式的在内，都是以地理坐标为依据，多分辨率的、三维的、动态的和空间场景的海量数据。每一种数据都有属性、空间和时间三大特征。

8. 虚拟语言

虚拟语言是系统操作或处理的纽带。虚拟现实建模语言是一种与多媒体通信、互联网、虚拟现实密切相关的技术系统，是一种描述互联网上的交互式、多维、多媒体的标准文件模式。VRML 技术能把 2D、3D 文本和多媒体集成为统一的整体，是 Cyber Space 的基础。VRML 文件是一种基于时间的三维空间的图形对象（视觉对象）和听觉对象的描述技术，并能支持多个分布式文件的多种对象和机制，产生全新的交互式的应用。

（三）VR-GIS 技术的应用

虚拟现实技术与地理信息系统技术结合产生的 VR-GIS 技术也是虚拟仿真技术中的重要部分，VR-GIS 技术包括与网络地理信息系统（WebGIS、ComGIS）相结合的技术。

VR-GIS 技术目前还不用数字化头盔、手套和衣服，它运用虚拟显示建模语言（VRML）技术，可以在 PC 机上进行，使费用大幅降低，所以它具有用户易接受的特点，但实际上只能称为仿真。它虽然只具有三维立体、动态、声响，即具有视觉、听觉、运动感觉（假的）特点，却没有触觉、嗅觉等特点，只是通过大脑的联想，但也有一定程度的身临其境的感觉，如洛杉矶城市改造的虚拟。所以，它还不是真正的虚拟，而是一种准虚拟或不完善的虚拟，或半虚拟技术。

VR-GIS 与 WebGIS 相结合，可以进行远距离“遥操作”和“遥显示”或“遥视”“遥现”。例如,美国 6 所大学的高层大气物理学家与加拿大的大学同行合作，对格陵兰上空的大气与太阳风之间的相互作用进行了网上的共同观测与讨论。该项目叫作“高层大气研究网上合作计划”，使那些相隔千山万水的科学家，相会在同一虚拟实验室，让分布在不同地区的专家进行共同实验、讨论、分享成果。VR-GIS 具有以下一些特征：①真实地表达现实的地理区域；②用户在所选择的地理带（地理范围）内和外自由移动；③在 3D（立体）数据库的标准 GIS 功能（查询、选择和空间分析等）；④可视化功能必须是用户接口自然的整体部分。

Berger 等指出，GIS 和 VR 两个技术的连接，主要通过虚拟现实建模语言（VRML）转换文件格式，把 GIS 信息转到 VR 中表示。VR–GIS 方法是基于一个耦合的系统，由一个 GIS 模块和 VR 模块组成。目前，VR–GIS 的主要特征有：①系统的数据库采用传统的 GIS；② VR 的功能是增加 GIS 的制图功能；③越来越多的解决方案采用 VRML 标准，尽管它有一些限制，VR–GIS 不仅是一个工具盒，而且有 Internet 的功能；④基于 PC 系统的趋势，它依赖于桌面 GIS；⑤松耦合的 VR 和 GIS 软件，图形数据通常是通过一个共同的文件标准来转换，系统间的同步依赖于通信协议，如 RCP。

三、虚拟技术的地学应用及实例

运用 VR–GIS 技术对地球的地球系统科学和信息科学的研究对象进行模拟实验时，需要具备以下一些条件：①对需要进行虚拟实验的地学应用的机理进行研究；②建立模型，如不能建立模型时，就采用人工智能及可视化技术；③进行模拟、虚拟实验分析；④进行试点工作，验证可信度，并且反馈信息。

可以对地球系统的各种现象或过程进行虚拟实验，包括：①对地球系统的结构进行分析；②对地球系统的运动现象与过程进行模拟；③综合开发与治理虚拟实验，如区域可持续发展实验和流域开发与综合治理实验；④污染与整治虚拟实验；⑤ VR–GIS 是一门综合性技术，在很多应用领域，艺术成分甚至超过了技术，需要一定的想象力和形象化的思维及艺术的修养，才能构造较好的虚拟世界，如电影“侏罗纪公园”等影视娱乐虚拟应用；⑥ VR–GIS 也适合应用于教育和培训工作，具有影像教育的特点，可以将地球科学知识、抽象概念用生动逼真的方式来表达。

VR–GIS 技术与真正的虚拟现实技术还有一定的距离，实际上可以看作是一种介于虚拟现实与计算机仿真技术之间的一种过渡技术，可以称为虚拟，也可称为仿真。它不具备触摸感和力学感，但是具有交互感，即身临其境感，主要依靠听觉和视觉给人们带来感知。

参考文献

[1] 陈丹 . 地理信息系统在智慧城市测绘中的应用 [J]. 商业文化，2021（33）：136–137.

[2] 迟文晶 . 遥感技术及地理信息系统在地质勘查中的应用分析 [J]. 工程建设与设计，2022（18）：85–87.

[3] 段瑞鑫 .GPS 测绘技术在地理信息系统中的运用研究 [J]. 信息系统工程，2023（2）：39–41.

[4] 方源敏，陈杰，黄亮，等 . 现代测绘地理信息理论与技术 [M]. 北京：科学出版社，2016.

[5] 高扬 . 测绘工程中测绘新技术探析 [J]. 科学技术创新，2019（23）：174–175.

[6] 郭达志 . 地理信息系统原理与应用 [M]. 徐州：中国矿业大学出版社，2002.

[7] 郭庆胜，王晓延 . 地理信息系统工程设计与管理 [M]. 武汉：武汉大学出版社，2003.

[8] 何芳 . 测绘地理信息发展 [M]. 北京：高等教育出版社，2013.

[9] 侯碧屿 . 浅谈地理信息系统在工程测绘中的应用 [J]. 工程建设与设计，2019（10）：266–267.

[10] 江北宸 . 智能城市测绘中地图学与地理信息系统技术的应用分析 [J]. 建材发展导向，2023，21（20）：70–73.

[11] 焦明连，孔令泰，郦远东 . 现代测绘技术的发展与应用 [M]. 徐州：中国矿业大学出版社，2015.

[12] 焦明连，朱恒山，李晶 . 测绘与地理信息技术 [M]. 徐州：中国矿业大学出版社，2018.

[13] 焦明连，朱恒山 . 测绘技术在智慧城市建设中的应用 [M]. 徐州：中国矿业大学出版社，2017.

[14] 焦明连 . 测绘地理信息技术创新与应用 [M]. 徐州：中国矿业大学出版社，2013.

[15] 李冲 . 测绘地理信息成果信息化质检平台构建技术研究 [M]. 武汉：武汉大学出版社，2019.

[16] 李建成，闫利 . 现代测绘科学技术基础 [M]. 武汉：武汉大学出版社，2009.

[17] 李霖，严荣华，任福，等 . 测绘地理信息标准化教程 [M]. 北京：测绘出版社，

2016.

[18] 李玉芝，王启亮，高晓黎 . 地理信息系统基础 [M]. 北京：中国水利水电出版社，2009.

[19] 梁娟 . 地理信息系统在土地测绘中的应用研究 [J]. 冶金管理，2023（9）：73–75.

[20] 刘雯雯 . 探析测绘遥感技术和地理信息系统在矿山地质勘测中的应用 [J]. 世界有色金属，2023（17）：88–90.

[21] 罗健 . 现代测绘自动化技术在地形测量中的运用分析 [J]. 电子测试，2021（4）：129–130.

[22] 马驰，杨蕾，唐均 . 地理信息系统原理与应用 [M]. 武汉：武汉大学出版社，2012.

[23] 宁津生，刘经南，李德仁，等 . 测绘学概论 [M]. 武汉：武汉大学出版社，2016.

[24] 潘燕芳，王庆光，邹远胜 . 地理信息系统技术 [M]. 北京：中国水利水电出版社，2020.

[25] 秦昆 . 新型地理信息系统技术在工程测绘中的应用研究 [J]. 城市建设理论研究（电子版），2023（19）：126–128.

[26] 孙珂 . 智慧城市测绘中地理信息系统的应用 [J]. 智能城市，2021，7（13）：63–64.

[27] 孙世友，谢涛，姚新，等 . 大地图：测绘地理信息大数据理论与实践 [M]. 北京：中国环境出版社，2017.

[28] 覃杰 . 基于虚拟显示技术的测绘地理信息系统设计 [J]. 经纬天地，2022（2）：54–57.

[29] 王军，贾超 .GPS 控制测绘技术在地理信息系统中的应用思路总结 [J]. 冶金管理，2021（9）：46–47.

[30] 王文 . 测绘地理信息技术在国土空间规划中的应用 [J]. 冶金管理，2023（17）：88–90.

[31] 望德伟，徐巍 . 地理信息系统技术在城市测绘中的运用探究 [J]. 城市建设理论研究（电子版），2023（23）：169–171.

[32] 魏宏源 . 地理信息技术在河西水土保持监测中的应用研究 [D]. 兰州：兰州理工大学，2020.

[33] 吴婷 . 测绘技术与地理信息系统在工程测量中的应用研究 [J]. 中国新通信，2019，21（21）：149.

[34] 武文波 . 现代测绘科技丛书地理信息系统原理 [M]. 北京：教育科学出版社，2000.

[35] 杨德麟 . 测绘地理信息原理、方法及应用 [M]. 北京：测绘出版社，2019.

[36] 于文庆 . 测绘地理信息技术在全域土地整治与生态修复工程中的应用 [J]. 电子元器件与信息技术，2023，7（9）：43–46+54.

[37] 张东明 . 地理信息系统原理 [M]. 郑州：黄河水利出版社，2007.

[38] 张浩进 . 大数据技术在测绘地理信息中的应用 [J]. 冶金管理，2023（17）：12–14.
[39] 张莉 . 新型地理信息系统技术在工程测绘中的应用 [J]. 世界有色金属，2019（9）：33–34.
[40] 赵娟，王静，刘丽，等 . 测绘遥感技术和地理信息系统在地质勘查中的应用 [J]. 绿色科技，2019（14）：221–222.
[41] 周国树 . 现代测绘技术及应用 [M]. 北京：中国水利水电出版社，2009.